本书受到国家自然科学青年基金"地震灾区次生灾害胁迫下的社区恢复力特征及其驱动机制研究"（基金号42001244）资助

西南地区自然村落和民居热环境案例研究

张丽丽　刘飞　著

四川大学出版社

图书在版编目（CIP）数据

西南地区自然村落和民居热环境案例研究 / 张丽丽，刘飞著． — 成都：四川大学出版社，2023.6
ISBN 978-7-5690-6185-7

Ⅰ．①西… Ⅱ．①张… ②刘… Ⅲ．①村落－民居－居住环境－研究－西南地区 Ⅳ．① X21

中国国家版本馆 CIP 数据核字（2023）第 107051 号

书　　名：	西南地区自然村落和民居热环境案例研究
	Xinan Diqu Ziran Cunluo he Minju Rehuanjing Anli Yanjiu
著　　者：	张丽丽　刘　飞
选题策划：	王　锋　许　奕
责任编辑：	王　锋
责任校对：	孙明丽
装帧设计：	胜翔设计
责任印制：	王　炜
出版发行：	四川大学出版社有限责任公司
地　　址：	成都市一环路南一段 24 号（610065）
电　　话：	（028）85408311（发行部）、85400276（总编室）
电子邮箱：	scupress@vip.163.com
网　　址：	https://press.scu.edu.cn
印前制作：	四川胜翔数码印务设计有限公司
印刷装订：	成都市新都华兴印务有限公司
成品尺寸：	170 mm×240 mm
印　　张：	10.75
字　　数：	204 千字
版　　次：	2023 年 6 月 第 1 版
印　　次：	2023 年 6 月 第 1 次印刷
定　　价：	48.00 元

本社图书如有印装质量问题，请联系发行部调换

版权所有 ◆ 侵权必究

扫码获取数字资源

四川大学出版社
微信公众号

目录

1 概 论 …………………………………………（1）
　1.1 研究背景 …………………………………（1）
　1.2 研究意义 …………………………………（4）
　1.3 研究方法 …………………………………（5）

2 国内外研究现状 ………………………………（7）
　2.1 乡村聚落及民居研究现状 ………………（7）
　2.2 微气候及室外热环境研究现状 …………（10）
　2.3 室内热环境与热舒适研究现状 …………（12）

3 乡村聚落及民居研究案例 ……………………（18）
　3.1 川西林盘微气候研究案例 ………………（18）
　3.2 川西北藏式民居室内热环境优化研究案例 …（76）
　3.3 基于室内热环境改善的川西南彝家民居自然
　　　通风优化研究案例 ………………………（102）

4 结论与展望 ……………………………………（139）
　4.1 研究结论 …………………………………（139）

4.2 研究思考 ·· (140)

4.3 研究展望 ·· (141)

附 录·· (142)

致 谢·· (167)

1 概 论

1.1 研究背景

1.1.1 能源消费结构

能源系统是一个复杂的非线性时变系统，为应对气候变化、资源短缺等问题，《巴黎协定》、"一带一路"和"两个替代"等政策得到推行，能源消费中心与能源消费结构都发生着较大变化，能源系统变得日益复杂。根据《BP世界能源统计年鉴（2018）》的数据可获取世界七大区域2007—2017年的能源消费情况，如图1-1（a）所示，对全球1965—2017年一次能源消费结构占比变化情况整理如图1-1（b）所示。统计数据结果表明，近期全球能源消费情况不论是地域分布还是能源类型都有着新的变化：以亚太地区为首的发展中国家已成为全球能源消费的主体，全球能源消费的中心正在向亚洲转移；能源消费结构上清洁能源的占比增幅逐步扩大，2017年清洁能源发电量占比相较2000年增长了62.2%，能源结构逐步向清洁、低碳的新型能源体系转型。

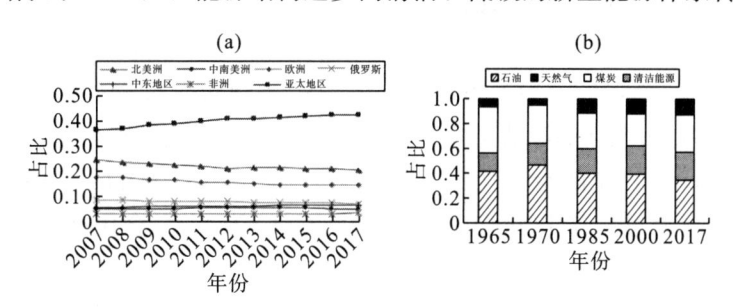

图1-1 全球一次能源消费变化

来源：《BP世界能源统计年鉴（2018）》。

（a）能源消费情况；（b）一次能源消费结构占比

能源作为物质基础推动着经济和社会的发展，近年来世界一次能源消耗量不断增加（图1-2），直至2020年才有所下降，但人类面临的环境与能源问题依旧严重。由此，在节约能源、保护环境的基础上进行可持续发展就显得尤为重要。2021年，国家"十四五"规划和2035年远景目标纲要中提到，要推动能源清洁低碳安全高效利用,进一步促进建筑领域的低碳转型和绿色化改造。2022年,住建部印发"十四五"建筑业发展规划,明确提出要推广绿色化的建造方式,减少建筑材料和能源消耗,降低施工过程中的碳排放量,实现优质、高效、可持续发展。资源节约型社会的建设是在深入研究国内外政治、经济和社会发展历史后,根据社会经济发展情况做出的战略决策,是对中国未来社会发展模式的科学探索。

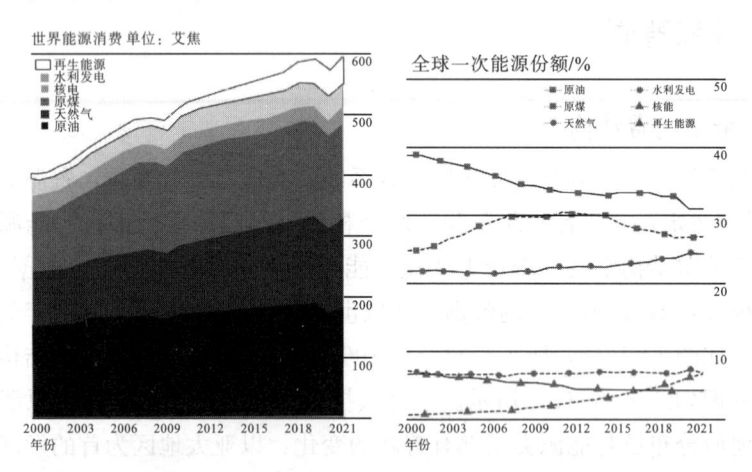

图1-2 世界一次能源消费结构及增长趋势

来源:《BP世界能源统计年鉴(2022)》。

建筑业是主要的能源消耗行业之一,约占全球能源消耗总量的42%。住宅消耗的能源占建筑业总能耗的18%,并且每年以1.5%的速度增长。《中国建筑能耗研究报告(2021)》指出,2019年我国建筑全过程能耗总量达到了22.33亿tce,占全国能源消费总量的45.9%。其中,建筑运营阶段能耗总量为10.3亿tce,占全国能源消费总量的21.2%,是节能潜力最大的用能领域。2019年建筑全过程碳排放总量为49.97亿t CO_2,占全国碳排放总量的50.6%,其中,建筑运营阶段占全国碳排放总量的21.6%,碳排放量为21.3亿t CO_2,见图1-3。截至2020年,我国的碳排放量已连续4年保持增长状态,平均增幅为0.6%,在全球碳排放总量中的份额增加至31%,是全球少数几个增加的国家之一。因此,我国在"十四五"规划中明确提出:广泛形成绿色生产生活方式,碳排放达峰后稳中有降。这表明我国在保持社会高速发展的同时进行节能减排的目标更加明确。

42.63% 55.37%

碳排放量
49.97亿t CO_2

49.70%

建筑能耗
22.33亿t CO_2

46.27%

2.00%　　　　　　　　　　4.03%

■建材生产阶段　■建筑施工阶段　□建筑运营阶段

图1-3　2019年建筑全过程能耗和碳排放量

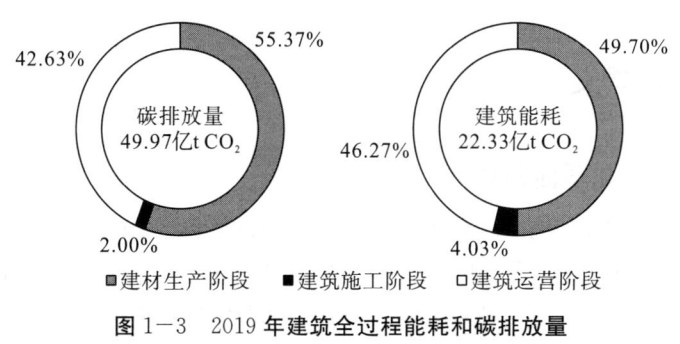

1.1.2　"双碳"目标与乡村振兴

2020年9月22日，习近平总书记在联合国大会上做出了中国政府在减缓气候变化方面的庄严承诺：在2030年之前实现碳达峰，力争2060年实现碳中和。"双碳"目标为我国能源结构转型列出了清晰的时间表，将对未来的社会经济生活产生深远影响。建筑行业作为能源消费大户，如何从设计阶段入手进行分析研究与统筹考虑，改变传统观念和方法，采用绿色建筑设计策略和技术，减少建造、运行、维护和后续利用、拆除改造等各环节碳排放具有重要意义，"双碳"目标对建筑行业提出了更高要求。"十四五"规划中提到，要实施乡村建设活动，把乡村建设摆在社会主义现代化建设的重要位置。统筹县域城镇和村庄规划建设，保护传统村落和乡村风貌，改善农村人居环境，推动乡村人才振兴。同时加快推动绿色低碳发展，发展绿色建筑，开展绿色生活创建活动。降低碳排放强度，支持有条件的地方率先达到碳排放峰值，制订2030年前碳排放达峰行动方案。

1.1.3　结语

能源消费结构、双碳目标和乡村振兴关系密切，相辅相成。我国能源消费结构说明了节能减耗的重要性与迫切性，农村住宅用能是用能四大类之一，不容忽视，且自然村落和民居人居环境的营造和改善也刻不容缓。十四五"双碳"规划目标的提出，表明我国在保持社会高速发展的同时进行节能减排的目标更加明确。通过推进建筑节能与绿色建筑发展，以更少的能源资源消耗，为人民群众提供更加优良的公共服务、更加优美的工作生活空间、更加完善的建筑使用功能，将在减少碳排放的同时，推动乡村振兴，增强人民群众的获得感、幸福感。

1.2 研究意义

1.2.1 地域文化层面的意义

建筑所具有的文化内涵受到地域文化渊源的影响，因此建筑语言的表达是离不开地域的概念和文化范畴的。西南地域文化最大的特点可分为地域性、民族性和多元性，多元的文化交织在一起，共同构成了西南地域文化独特的魅力。四川是全国唯一的羌族聚居区、最大的彝族聚居区和全国第二大藏区。根据西南地域范畴内各个建筑亚文化之间建筑形态及建筑文化之间的差别，大致可将巴蜀文化下属的建筑文化特征定义为合院建筑文化、滇文化与黔文化对应为干栏建筑文化，滇西北高原文化对应为邛笼建筑文化。

深受中国传统文化滋养熏陶的华夏子孙对于人与自然的关系有着独到的见解。《周易》中"天人合一"的思想深深影响着当代人的生态观，"天人合一"主张与万物和谐相处。文化保护包括两方面内涵：一是对传统民居建筑文化的扬弃，作为传统建筑文化，民居建筑的聚落选址、格局、外观、形式和风格无不体现出"天人合一"的思想，实现人、建筑与环境的和谐发展，但传统民居的建筑文化同时也内含对自然环境的消极适应，因此应采取扬弃的哲学思想进行建筑文化的保护；二是对以传统民居为依托的民俗民风的保护，由于区域文化影响着当地民居的特色，各地民居所体现的文化内涵也不一样，在保证不破坏原有建筑的民风民俗的前提下，对传统建筑进行更新改造，提供优化方向。

1.2.2 节能减耗层面的意义

西南地区地形地势复杂，气候多变，传统村落所处地区大多室内热环境状况差，采光不佳，居民舒适度低。为缓解气候环境对农村居民舒适度造成的影响，农村居民因地制宜，采取一系列改善生活舒适度的措施。例如位于川西高原的藏式传统民居通过燃烧煤炭、利用柴薪的"火塘"取暖。但是这些手段措施大多伴随着大量的碳排放，随着社会经济的发展，村落的规模在进一步扩大，人们对于室内舒适度的要求也越来越高，对传统民居的节能减排提出了更高的要求。

1.2.3 社会现实层面的意义

本书可为西南地区的传统村落及民居的可持续性发展提供技术性支撑，为该区生态经济区发展和西部地区扶贫改造做出贡献，缩小该区传统民居室内热舒适水平与其他地区之间的差异，同时促进西南地区各式民居的全面协调发展，为全国其他地区和地域相近的聚落民居建设提供参考。

科学归纳传统民居室内外热环境的影响要素，并将传统民居体现的具有地域气候适宜性且有利于建筑可持续发展的室内热环境调控技术和建筑气候适应性设计的生态技术与现代建筑技术进行融合，应用到民居的更新和发展建设中。一是有益于梳理传统民居室内热环境的现状特征，二是有益于传统生态技术的现代化，保证民居更新和开发过程中保留地域特色，通过优化传统技术、本土建材及建造方式，充分利用气候资源，形成能满足室内热环境新要求的适宜的、被动式的、绿色节能的室内热环境优化策略。

1.3 研究方法

1.3.1 多学科交叉的研究方法

传统村落研究既涉及历史、文化、管理等庞杂的学理内容，又关系到政府、企业、居民等受众主体，具有极强的特殊性和复杂性。本书以多学科交叉的视角，综合运用建筑学、风景园林学、城乡规划学、土地资源管理学等学科的研究方法，灵活根据具体研究专题展开论证。

1.3.2 文献分析

笔者查阅大量国内外研究文献并进行鉴别和整理，通过已有的文献资料了解当前的研究现状并确定具体的研究方向和内容。通过对近年文献进行分析，了解乡村研究的前沿信息，梳理当前的研究领域和热点方向，总结主要研究方法，有助于深化和明确研究目标与研究内容，同时也有助于研究手段的确定。

1.3.3 目视解译与问卷调查相结合

目视解译（目视判读）是对遥感影像进行解读的一种方法，指通过人眼判读或借助辅助判读仪器对遥感影像中的物体进行识别并提取物体的有用信息。问卷调查是人们在社会调查研究活动中用来收集资料的一种常用工具。需要使用者提出细致周密的问题并要求被调查者据此回答以收集相关信息，最后将调查问卷回收整理，用于统计分析和现状研究。在本书中，问卷调查将主要被用于收集当地居民的热感受、热期望以及室内通风现状等信息。

1.3.4 计算机模拟

计算机模拟也称为数值模拟，主要指依靠电子计算机，结合有限容积或有限元的概念，通过数值计算和图像显示的方法达到研究自然界存在的各类问题的目的，研究者可以通过数值模拟实现对研究对象的对比分析和预测研究。建筑能源系统仿真软件 EnergyPlus 及流体动力学模拟软件 Fluent 等被广泛运用于建筑能耗和室内热环境的研究领域。

参考文献：

[1] 国家统计局. 中国统计年鉴 2021 [M]. 北京：中国统计出版社，2021.

[2] 石硕. 藏彝走廊：文明起源于民族源流 [M]. 成都：四川人民出版社，2009.

[3] 吕俊芳. 中国低碳建筑发展的必然趋势及其未来展望 [J]. 生产力研究，2013（12）：72—74.

[4] 苗向荣. 城镇化背景下农村能源消费现状及调整对策研究——基于北京市农村生活用能的分析 [J]. 人民论坛·学术前沿，2017（10）：92—95.

[5] Liu W, Henneberry S R, Ni J, et al. Socio-cultural roots of rural settlement dispersion in Sichuan Basin：The perspective of Chinese lineage [J]. Land Use Policy, 2019 (88)：104—162.

[6] 成都市人民政府. 成都市实施"十大重点工程"助力乡村振兴 [EB/OL]. （2017—11—13）. http：//gk. chengdu. gov. cn/govInfo/detail. action? id=1808628&tn=2.

[7] Xu J, Lu Z, Gao W, et al. The comparative study on the climate adaptability based on indoor physical environment of traditional dwelling in Qinba mountainous areas, China [J]. Energy and Buildings, 2019 (197)：140—155.

[8] Bojić M, Johannes K, Kuznik F. Optimizing energy and environmental performance of passive Trombewall [J]. Energy and Buildings, 2014 (70)：279—286.

[9] Yang Y K, Kim M Y, Song Y W, et al. Windcatcher louvers to improve ventilation efficiency [J]. Energies, 2020, 13 (17)：4459.

2 国内外研究现状

2.1 乡村聚落及民居研究现状

2.1.1 国外乡村聚落及传统民居研究现状

笔者以 VOSviewer 软件作为研究工具，采用知识图谱和聚类分析作为研究方法，以 2017 年 12 月 1 日—2022 年 12 月 1 日 5 年内 Web of Science 数据库核心合集收录的 2304 篇乡村聚落与传统民居研究主题的文献数据作为研究对象，对自然村落研究进行了期刊、作者、文献等共被引分析和关键词共现分析。

通过共现分析可知，目前关于乡村聚落与传统民居的热点研究领域主要包含社区营建、保护再利用、人居环境改善、建筑案例模型等（图 2-1）。

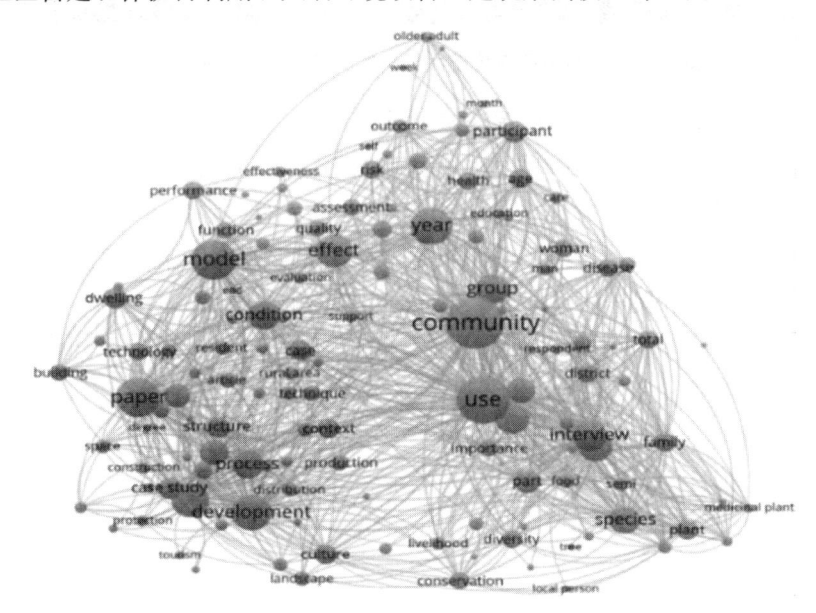

图 2-1 乡村聚落与传统民居研究关键词共现分析

综合研究热度来看，"社区""模型""环境""发展"等词条研究热度较高，研究对象包括"建筑技术""建筑结构与构造""民居保护与更新""社区"

"乡村空间""景观"等。同时研究的对象人群也关注到了老年人群体，且与环境、空间与人体健康、疾病结合起来（图2-2），通过研究室内环境的各个因素，比如室内温度（indoor temperature）、室内空气质量（indoor air quality）等来研究室内热湿环境对人体健康（human health）的影响（risk）。

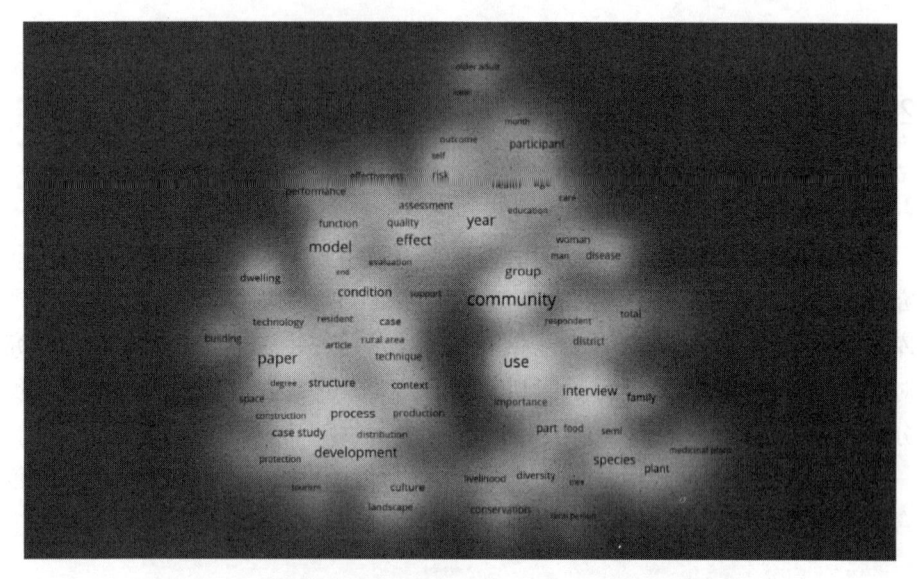

图2-2 乡村聚落与传统民居研究关键词密度可视化分析

2.1.2 国内传统民居与乡村聚落研究现状

为了从总体上了解国内传统聚落及民居的研究现状和发展态势，以VOSviewer软件作为研究工具，以2017年12月1日—2022年12月1日5年内CNKI收录的666篇传统民居与乡村聚落研究主题的文献数据作为研究对象，对乡村聚落和民居研究进行了关键词共现分析（图2-3）。

2 国内外研究现状

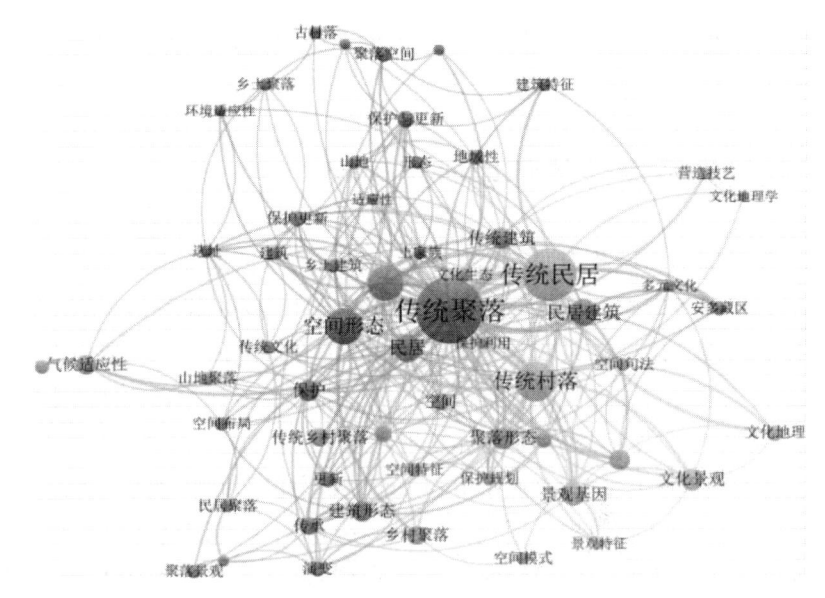

图2-3 乡村聚落与传统民居研究关键词共现分析

首先是传统聚落及民居的设计、营造方面。主要的研究热点包括聚落及民居的空间形态和空间模式、建筑更新、传统聚落和民居的气候适应性等。其中,传统聚落、空间形态、保护与利用等是出现频次较高的主题词,说明传统聚落的价值逐渐被关注,与国家关于传统聚落保护与利用的政策相契合。

其次是文化方面,即所有与之相关的传统文化,如"传承""多元文化"等,主要是对其"审美"和"价值"上的研究,讨论文化的更新与传承。传统聚落与民居是依托于文化传承而发展来的,其中蕴含了丰富的传统文化的精神价值。地方文化也是较为重要的一部分,通过对其所在地域特色文化的溯源及探讨,研究建筑的特征与差异。

其他的研究方向,例如对以传统民居为载体的装饰与艺术表现进行研究,更多的是通过"装饰"来体现艺术。这部分内容不仅有丰富的文化内涵,也有丰富的人文精神。

综上可以看出,随着时间发展,国内对传统聚落及民居的发展越来越重视,对于传统聚落及民居的研究也越来越多。从环境、能源等角度分析,改善传统聚落环境,优化传统民居构造,提高人体热舒适成为学者们的研究热点之一。

其中研究方向主要包括以下三个:

(1) 乡村聚落及民居的微气候和气候适应性,改善室外人居环境;

(2) 乡村聚落和民居选址、空间形态和因素等的研究,提升聚落和民居保护更新内涵;

9

（3）关注聚落人文景观、民居建筑结构、材料和构造方法等的研究，改善室内外热舒适性，提升居民生活品质。

2.2 微气候及室外热环境研究现状

微气候不同于广域范围的气候，在一个城市或乡镇范围内，许多空间条件上的差异都能显著影响微气候的变化。与建筑设计相关的微气候因素主要包括空气温度、湿度、风向、风速、太阳辐射等，而在近地面，空间层面上的差异也会造成微气候的差异，微气候常常受下垫面性质等多种综合条件的影响。

为探究微气候及室外热环境研究现状和热点问题，基于 2017 年 12 月 1 日—2022 年 12 月 1 日 5 年内 Web of Science 核心合集收录的有关微气候及室外热环境研究的文献数据，通过 VOSviewer 针对关键词进行聚类可视化分析。从研究时间维度看，前期研究偏向于对区域微气候进行系统性分析，随着计算机技术的发展，相关研究更注重以解决问题为目的，引入热舒适评价模型，基于 ENVI-met 等模拟软件对微气候要素进行数值模拟，同时更加注重人的热舒适感受，进而提出较为可行的微气候及室外热环境改善策略。从关键词共现分析中可以发现，研究热词主要包括"热舒适""微气候""城市热岛""气候变化""温度""模拟""城市化""土地利用变化""生态服务""植被""策略"等（图 2-4）。

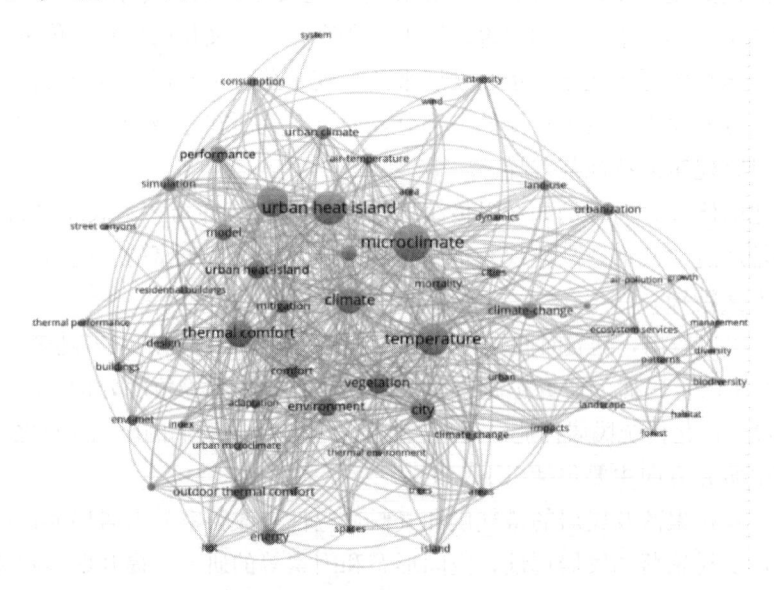

图 2-4 微气候及室外热环境研究文献关键词共现分析

根据关键词聚类结果可以看出，近年来对于微气候及室外热环境的研究主要可以分为三个大的方向：

（1）城市化背景下土地利用及生物多样性差异对区域微气候的影响。

影响主要表现为城市因地表覆盖物无机化导致城市热岛效应加剧，其室外温度相较于广泛覆盖植被、水体及土壤的乡村地区更高，围绕土地利用对微气候的影响进行了相关研究。Cheng 等人评价了传统圩子村聚落水空间对其小气候的影响，分析了聚落的形态特征，并应用 ENVI－met 模型模拟了水体和村落形态要素对人体热舒适度的影响，通过量化聚落形态元素对小气候的影响，论证了水体对改善村庄热环境和调节小气候的积极影响。

（2）结合数值模拟等方法，探索城乡规划过程中改善区域微气候的策略。

微气候数值模拟是现阶段探索微气候的常用方法，与传统的气候研究使用测量仪器相比，数值模拟的宽度和广度有其研究优势。Xin 等人通过实地测量与 ENVI－met 模拟相结合，探索建筑物覆盖率、高宽比与村庄小气候（风速、温度）的关系，认为建筑高宽比在 0.52～0.93 之间时，其与气温具有较强负相关关系，提出了优化村庄建筑及土地利用的策略。Middel 等人研究了美国亚利桑那州北沙漠村的城市形态与景观对午后微气候的影响，利用 ENVI－met 设计了 5 类不同居住区的 13 种模拟方案，发现密集的建筑形态能创造相对凉爽的空间。

（3）探索微气候对人体热舒适性及健康的优化和评估影响。

热感知研究中，丹麦的 Fanger 教授最早提出预测平均值模型（PMV），在进一步深化对人体热感觉的研究中，出现了更多相关人体舒适度的指标，例如湿球黑球温度（WBGT）、生理等效温度（PET）、通用热气候指数（UTCI）和标准有效温度（SET）。研究发现，对热环境的感知不仅与微气候的物理环境有关，而且与人体的主观意识有关，室外热环境对人体健康的影响、人体热感觉的生理和心理方面都是微气候研究的关注点。

我国关于微气候及室外热环境的研究起步相对较晚，20 世纪 90 年代后"微气候"相关文献开始缓慢增长，2005 年后成果呈井喷式涌现，研究对象与国外类似，多为住宅区、公园、学校等地，逐渐包括对乡村地区微气候的研究，研究方法也主要为实地监测及数值模拟。截至 2022 年，在中国知网上以"微气候"和"住区"作为主题可检索到相关文献超过 200 篇，且年增长速度较快，以"微气候"和"乡村"作为主题可检索到相关文献 67 篇，年发文数量呈波动上升趋势。

在乡村微气候及室外热环境研究方面，主要包括对乡村聚落热环境评价以及基于热舒适改善的乡村规划建设策略研究。刘美伶以成都市郫都区三道堰镇36个林盘为研究对象，研究林盘尺度和乔木覆盖率对周边环境微气候的影响，认为林盘在一年四季均能对一定范围内的气候环境产生影响，影响范围多为5m。姚泽楠选取渤海西域典型村落作为样本，提取村落空间特征，探讨空间效能与微气候的关联机制。

综上所述，在微气候及室外热环境研究方面，城市住区依旧是学者们关注的重点，国内微气候研究起步较晚但发展迅速，研究方法多借鉴国外。近年来，随着乡村振兴战略的实施，许多学者将住区微气候研究的方向对准中国的广大乡村区域。西南地区作为中国七大自然地理分区之一，占地甚广，地形多变，且每种地形地貌都有其独有的气候特征，如四川盆地湿润的亚热带季风气候，由于青藏高原的隆起，该区从西北到东南的温度和降水均有很大差异，时空分布极不均匀。该区气候类型由温暖湿润的海洋气候到四季如春的高原季风气候，再到亚热带高原季风湿润气候以及青藏高原独特的高原气候，形成了独特的植被分布格局。风格鲜明的气候造就了更复杂的微气候情况，且随着乡村振兴的深度实施，进行乡村地区微气候研究对乡村规划建设及热环境改善具有重要的意义。

2.3　室内热环境与热舒适研究现状

此前室内热环境的研究大致经历了三个发展阶段，即节能环保、生态绿化和健康舒适。世界各国最先面临的是节约能源的问题，而后逐步意识到地球与人类生存的辩证关系，最后回归到人类生活的基本条件：舒适与健康。能耗与舒适是两个互相冲突的主观因素，因此现阶段，有关能耗与舒适之间的平衡问题开始受到学者广泛的关注。

利用VOSviewer进行关键词共现分析（图2-5），剔除与主题关联性不大的词语、合并重复词汇后，得到15个节点、34条相互连接的关系。关于热舒适的研究话题较为集中，关键词之间的关系较为紧密。其中，中心度较高的关键词包括：热舒适（thermal comfort）、室内热环境（indoor thermal environment）、自适应性热舒适（adaptive thermal comfort）、热环境（thermal environment）、自然通风（natural ventilation）、热性能（thermal performance）等。

从时间热度上分析，对于室内热环境与热舒适的研究从室内热环境舒适性评价、建筑热舒适性能及能源消耗分析到结合新技术、数值模拟方法及人体热舒适感觉以探索提出优化建筑舒适性能的具体策略（图 2-6）。

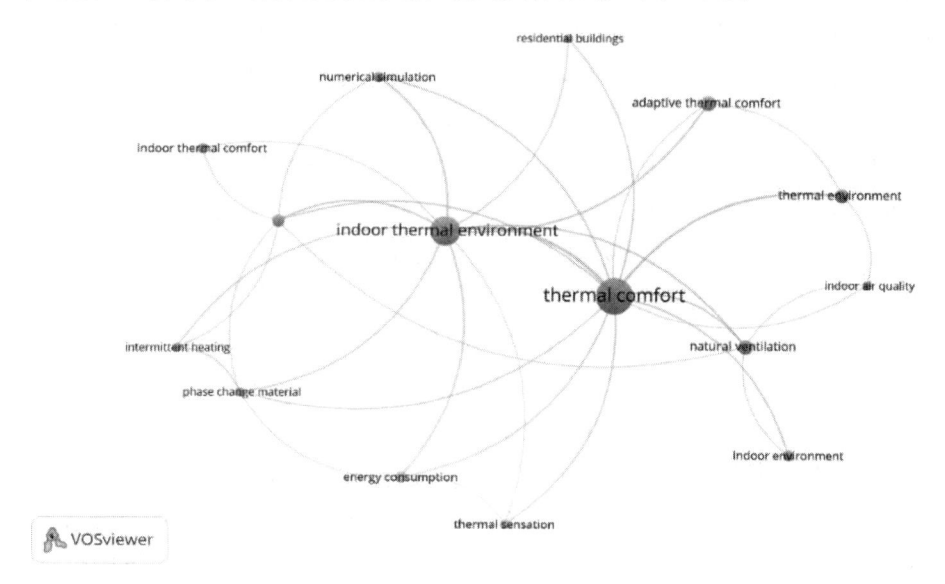

图 2-5　室内热环境与热舒适文献关键词共现分析

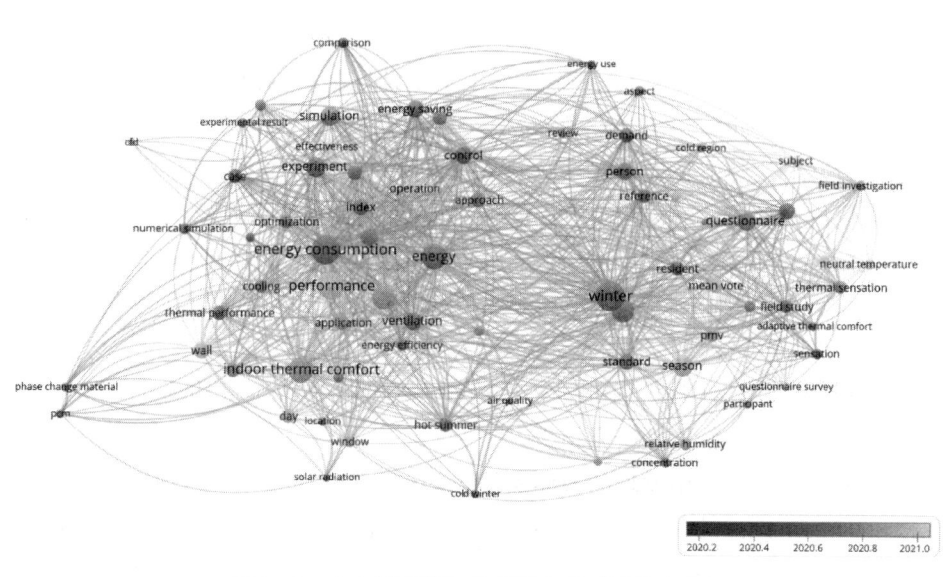

图 2-6　室内热环境与热舒适文献时间热度分析

2.3.1　热舒适理论研究分析

人在室内的热感觉受空气温度、环境长波辐射、空气湿度、气流状况及人体自身的衣着和活动状况这 6 方面的因素共同影响。学者通过人体实验，提出多种可供描述环境参数对人体热感觉影响的评价指标。其中，由 Fanger 教授提出的预测平均热感觉指数（predicted mean vote，PMV）成为受国际公认的稳态热环境下的热感觉预测模型。PMV代表了同一环境下绝大多数人的感觉，但是由于个体差异的存在，PMV指标并不能代表所有人的感觉，为此Fanger又提出了能够预测给定环境中不满意的人员在人群中所占百分数的指标，即预测不满意百分比（predicted percent dissatisfied，PPD）。除PMV指标外，其他研究者相继提出有效温度ET、新有效温度ET*、标准有效温度SET*等可用于描述环境参数对人体热感觉影响的指标。

近年来，随着热舒适研究的深入发展，基于实际环境的现场调查逐渐成为主流。2015年，马来西亚Gilani等人的研究表明对于自然通风建筑，夏季PMV预测值比实测的热感觉值低了13%，冬季则高了35%，而对暖通空调建筑的夏季和冬季的热感觉PMV值则分别偏高了31%和33%；2017年，Rupp和Ghisi在巴西南部城市（温和湿润气候）的研究结果表明，自然通风建筑的自适应模型高估了人员的耐寒性，不能准确预测空调建筑内人员的热舒适不满意度，而ASHRAE55-2013的解析模型又仅适用于空调运行状态下的热感觉预测。

在我国，很多学者也已在各个地区开展热舒适现场调查研究。Mui和Wong等学者分别于2003年和2009年对香港地区的室内热环境进行了现场测试。Mui和他的团队提出了亚热带潮湿建筑物中适应性舒适温度（ACT）新算法，旨在确定热舒适度的接受度。Wong等人调查了香港地区19个老年人中心的室内热环境，发现年龄较大的老年人组同年龄较小的老年人组相比可能对不同的温和环境有不同的期望，而且女性老年组的热中性环境预测值PMV明显高于男性。Zhang等人对中国亚热带地区进行了一项学生热舒适的实地研究，共1273名学生回答了问卷。调查结果显示，在20℃和71%的平均值下，大多数受访者在采样月份内都能获得热满意度；热中性温度约为21.5℃，不同于其他类似的热舒适性研究结果。

针对在现场实验中发现的人体实际热感觉（TSV）和PMV预测结果存在偏差的问题，国内外学者在分析与探索中，逐渐形成了热适应性的观点。在对于人体热适应性的各种表述中，以Dear与Brager的解释最具有代表性，他们回顾分析了世界上大量关于热舒适的研究工作，认为人工气候室中的热舒适研究体现的是环境因素对人体感觉的单向影响，因实验工况由操作者设定，受试者只能在被动接受的条件下给出其热感觉评价，是一种简单的因果关系（cause and effect）。以此为基础建立的热舒适评价标准，未反映实际建筑环境中（特别是在非空调环境下）很多复杂而重要的因素对人体热反应产生的影响，难以反映人们通过生理调节、改变行为或调整期望值等多种方式来适应环境的过程。由此得到的舒适温度标准，与实际环境下人们对温度的选择相去甚远。而与之相对应，人体热适应观点认为，人不是给定热环境的被动接受者。在实际建筑环境中，人与环境之间应该呈现一种复杂的交互关系（give and take），人是其中的主动参与者。如果人对于环境感到不舒适或不满意，并不是热反映的结束，而是适应性过程的开始，人体将主要以心理适应、行为调节、生理习服等形式，通过与环境之间的多重反馈循环作用，尽可能减小产生不适因素的影响，使自身接近或达到热舒适状态。

2.3.2 现场测试和数值仿真技术在室内热环境研究中的应用

现场测试的技术手段（CFD）最先应用到室内热环境研究中，通过现场实测可直观地得到实际的热舒适主观感觉和各环境因子的现状，从而为室内热环境的优化提供建议。近年来，CFD 技术已经被广泛应用到室内空气温度、湿度、气流速度及空气品质等与室内热环境相关的环境参数的模拟和预测中，以日本为例，已有低雷诺数 $\kappa-\varepsilon$ 湍流模型和 Gagge 的人体两节点模型、CFD 耦合空气品质、PMV 指标的仿真技术。此外，美国开发了雷诺平均纳维－斯托克斯 RANS 方程模型和大涡模拟 LES 程序。Mendell 和 Mirer 得出冬天的室内舒适温度较规范的范围宽，而在夏天则是相反的结论。此外，Singh 等通过对比利时的 85 所居住建筑进行调查，包括居民对冬春季热舒适温度的偏好程度和期望温度，以围护结构为例，辩证地阐述了装修和室内热环境的关系，提出在考虑热环境时除了要考虑人的偏好和期望温度，还必须结合能源的高效利用。

2.3.3 建筑热性能与能耗

从太阳能利用角度，西南高寒地区太阳能资源丰富，属被动式太阳能适宜利用的气候区，自然通风对提高全年舒适度的效益相对较低，被动式太阳能利用及建筑蓄热是提高当地民居室内热环境质量的有效手段。罗一豪在海拔 5347 米的高山地区对当地民居进行了调研，发现房屋对太阳能的利用能有效提高其室内热环境质量。附加阳光间是当前提升室内热环境质量的有效手段。而将附加阳光间与扩大窗户面积相结合，在提高室内温度的同时，还能改善室内采光。刘加平、何泉等对康定市一户农宅的实测分析发现，通过太阳能利用可以有效地提高民居的室温，增大南向窗户可以有效提升室内的平均气温和最高气温。此外，冬季房间内湿度持续维持在较低水平，有增湿的必要。

藏式传统民居主要为石砌的碉房民居和夯土民居，外墙的材料为片石和土坯。天然石材的导热系数和蓄热系数较大，使得石墙具有良好的蓄热性，但保温隔热性能较弱。为抵御外界长期的寒冷气候环境，藏式民居主要靠增加墙体的厚度来进行保温，外墙厚度大多在500～1000mm。从生态可持续角度看也非长远之计，需要探索适宜的优化策略提高墙体保温性能。何泉的研究中提到引入聚苯板、双层塑钢窗等现代保温材料，可以提高川西高原藏族民居室内热环境质量。余艳的研究指出，为了延续藏式民居建筑风貌，同时不降低室内使用空间，藏式民居的外墙优化方案宜采用自保温墙体或夹心保温的生态石墙。

除建筑本身外，村落选址布局、建筑朝向等对建筑室内得热也有很大影响。临河村落倾向于选择既临河又满足最佳朝向的北岸，而山坳处村落多将房屋布置在向阳山坡和背风面的中部，以满足冬季得热和防风的需求。若地处南半球，则建筑北面在冬季接受不到太阳辐射，得热少。建筑的向阳面数量对室内热环境的影响很大，多面向阳的建筑在冬季室内热环境明显好于只有一面向阳的建筑。

总的来说，对太阳能资源的高效利用以及提高建筑热工性能是提高我国西南部分地区民居冬季室内热环境质量的关键。当前学者基于部分传统民居所在的独特地理气候环境以及建筑特色，从被动式设计的角度，提出了诸多能有效提升冬季室内热环境质量的策略和措施。在现有研究的基础上，从围护结构的热工性能、建筑材料、太阳能资源利用等方面进一步探讨当地传统民居室内热环境优化策略，是深化该地区室内热环境研究的发展趋势。

参考文献：

[1] Chen L，Ng E. Outdoor thermal comfort and outdoor activities：A review of research in the past decade [J]. CITIES，2012，29（2）：118-125.

[2] 孙美淑，李山. 气候舒适度评价的经验模型：回顾与展望 [J]. 旅游学刊，2015，30（12）：19-34.

[3] 黄子硕，潘宸. 近现代典型乡村民居室内热环境调控能力比较 [J]. 建筑科学，2021，37（4）：72-76.

[4] 宗桦，周晔，李俊强. 城乡户外人居环境微气候研究现状、特点与展望 [J]. 生态经济，2018，34（1）：145-152.

[5] 张金萍，李安桂. 自然通风的研究应用现状与问题探讨 [J]. 暖通空调，2005（8）：32-38.

[6] 孙贺江，冷木吉. 甘南农区藏式传统民居热环境 [J]. 土木建筑与环境工程，2014，36（5）：29-36.

[7] Kober T，Schiffer H W，Densing M，et al. Global energy perspectives to 2060-WEC's world energy scenarios 2019 [J]. Energy Strategy Reviews，2020（31）：23-42.

［8］ Cao X D, Dai X L, Liu J J. Building energy-consumption status worldwide and the state-of-the-art technologies for zero-energy buildings during the past decade［J］. Energy & Buildings，2016，128（2）：198－213.

［9］ 唐华宇，赵干荣. 光伏发电用于川西北藏族民居热泵供暖的效益分析［J］. 电力与能源进展，2019，7（5）：75－83.

［10］ 李柯，何凡能. 中国陆地太阳能资源开发潜力区域分析［J］. 地理科学进展，2010，29（9）：1049－1054.

［11］ Hosham A，Kubota T. Effects of building microclimate on the thermal environment of traditional Japanese houses during hot-humid summer［J］. Buildings，2019，9（1）：22－27.

［12］ 刘美伶. 川西林盘尺度和乔木覆盖率对周边环境微气候的辐射影响研究［D］. 成都：西南交通大学，2018.

3 乡村聚落及民居研究案例

3.1 川西林盘微气候研究案例

3.1.1 相关概念及研究区域概况

3.1.1.1 川西林盘概述

川西林盘（也称"林盘"）是我国西南地区的一种独特农村聚落单元，广泛分布于成都平原，内部住宅被乔木和竹林环抱，树林四周既有流水灌溉，又有农田相衬，如图3-1所示。在形态上，林盘是"形如田间绿岛的农村居住环境形态"，是"于田园中、沟渠旁形成的一个个形态各异、具有边界、形如绿岛的聚落"。总的来说，川西林盘是成都平原地区的独特的复合型农村散居聚落单元，其形如绿岛，又如棋盘棋子，有着自己独特的生态系统，是涵盖了千百年来川西地区居民生产、生活与文化内涵的重要结晶。林地、宅院以及周边的水渠和田地是林盘的基本构成元素，但林盘的形态、内部建筑的布局、植被的种植方式等往往各不相同。据不完全统计，成都平原林盘的总数约有20万个，星星点点分布在广袤的成都平原。图3-2展示了川西平原中林盘的分布及单个林盘放大示意图，川西林盘形如绿岛分散分布，林盘与周边的道路和田野组成棋盘状景观。图3-3展示了川西林盘的俯视图与侧视图，可以看到林盘的组成元素——林木、宅院以及周边的水渠和田地。

图3-1 成都平原上的川西林盘鸟瞰景观

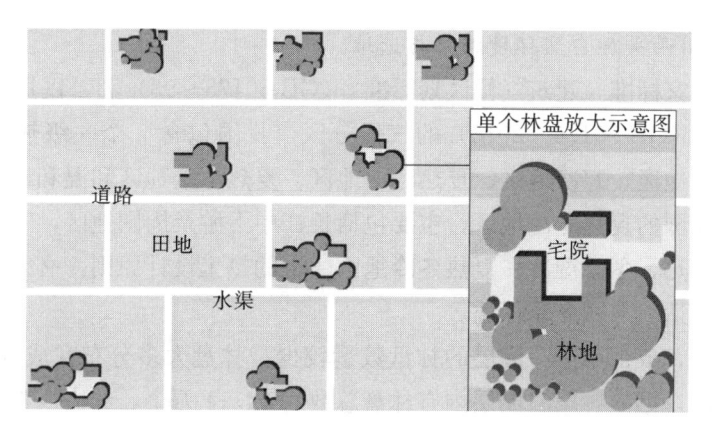

图3-2 成都平原上林盘的分布示意图以及单个林盘放大示意图

图3-3 川西林盘俯视图与侧视图

3.1.1.2 微气候

根据《大气科学名词》（第3版）的定义，气候指对某一地区气象要素进行长期统计的天气状况特征的综合表现。天气是短期的大气状态，气候则属于某一地区多年的天气状态，包括平均情况与极端情况。从时间、空间尺度上划分，有的学者将气候分为大气候、中气候与小气候，也有学者将小气候分为局地气候（local climate）和微气候（microclimate）。

微气候不同于广域范围的气候，在一个城市或乡镇范围内，许多空间条件上的差异都能显著影响微气候的变化。与建筑设计相关的微气候因素主要包括空气温度、湿度、风向、风速、太阳辐射等。在近地面，空间层面上的差异也会造成微气候的差异，微气候常常受下垫面性质等多种综合条件的影响。常见的例子如城市的热岛效应，城市人口、建筑、设施、交通集中，排放出大量热量，加之下垫面性质改变等，使得城市地区升温迅速，气温明显高于周边郊区。因此，结合当地宏观气候条件，对下垫面、室外空间、建筑围护结构等要素进行优化，能有效改善影响微气候的因素，从而改善空间的微气候水平。

3.1.1.3 川西平原自然环境特征与选址

根据国家标准《建筑气候区划标准》(GB 50178—93) 和《民用建筑热工设计规范》(GB 50176—2016) 的气候分区，我国包含 5 个一级热工设计分区——严寒地区、寒冷地区、夏热冬冷地区、夏热冬暖地区和温和地区。成都平原位于我国的夏热冬冷地区，主要包括长江中下游及周围地区，主要气候特征为夏季闷热，冬季湿冷。夏热冬冷地区建筑的热工设计原则，必须满足夏季防热要求，适当兼顾冬季保温。

据统计，成都市第一圈层的林盘数量较少，林盘大多分布在成都市第二、第三圈层内，第二、第三圈层内有林盘总数约 14.11 万个，约占成都平原总林盘数量的 71%，第三圈层林盘总数最多，传统林盘的景观风貌也保存得较为完好。第三圈层的林盘由于远离中心城市地区，乡土气息较为浓厚，保留的传统林盘数量最多，风貌也未受到城市辐射而发生巨变，许多林盘住户如今仍然保留着传统的农耕模式，因此本书将研究选址落在了成都的第三圈层上。

3.1.2 川西林盘室外微气候实测分析

3.1.2.1 测点布置

本书将实地测量的地点选择在了都江堰市聚源镇的泉水村内。泉水村位于聚源镇东北侧，靠近天马镇，拥有传统格局的林盘数量众多，且地段交通方便易到达。图 3-4 展示了所选林盘的位置及俯视图，将三个林盘从左到右分别标记为林盘 A、B、C 加以区别。计算了三个林盘的面积情况，林盘 A 占地面积 11530m^2，主体形状大致呈团状长方形，尺寸约为 196m×90m；林盘 B 占地面积 4845m^2，主体形状为团状方形，尺寸约为 98m×58m；林盘 C 占地面积 4082m^2，主体形状为团状方形，尺寸约为 70m×70m。表 3-1 统计了林盘 A、B、C 中空间组成要素的具体情况。

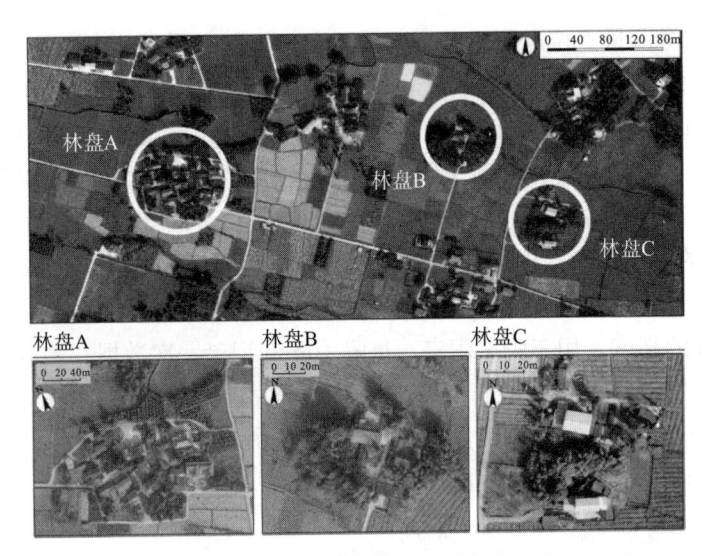

图 3-4　实测林盘的位置及俯视图

表 3-1　三个林盘空间组成要素的具体情况

位置	构成	面积/m²	面积百分比/%
林盘 A	植被（分散）	3540	30.7
	建筑（集聚）	2975	25.8
	开放空间	5015	43.5
	主体	11530	100
林盘 B	植被（环绕）	3295	68
	建筑（集聚）	712	14.7
	开放空间	838	17.3
	主体	4845	100
林盘 C	植被（中心）	1849	45.3
	建筑（集聚）	792	19.4
	开放空间	1441	35.3
	主体	4082	100

　　都江堰市的冬季最冷月为 1 月，夏季最热月为 7 月，在冬季最冷月与夏季最热月的连续晴朗日对都江堰市聚源镇泉水村的林盘聚落进行实测。在冬季，实测的时间为 2021 年 1 月 14 日—15 日以及 1 月 18 日，每个点位的测量时间为 11 小时；在夏季，实测时间选择在 2021 年 7 月 11—13 日三天。三个林盘

共布置了9个测量点位，测量点1、2、3位于林盘A及周边，测量时间在1月18日和7月11日；测量点4、5、6位于林盘B及周边，测量时间在1月15日和7月13日；测量点7、8、9位于林盘C及周边，测量时间在1月14日和7月12日。所有测量点中，点1、4、7位于宅院空地前，点2、5、8位于林地中央，其余测量点位于周边田地，视为林盘外点位。图3-5展示了所选林盘A、B、C的平面图和测量点位图。实测的数据包括一天中不同点位的空气温度和相对湿度的变化情况，测试仪器为TD-JTR08，测试仪器均被放置在距地面1.4m的高度，用三脚架固定，每隔10min记录一次数据。测量仪器的基本参数为：测量范围－40℃～85℃温度，0～100%相对湿度；测量精度±0.3℃、±1.5%相对湿度；分辨率0.1℃、0.1%相对湿度。选用的测量仪器的精度均符合ASHRAE标准。

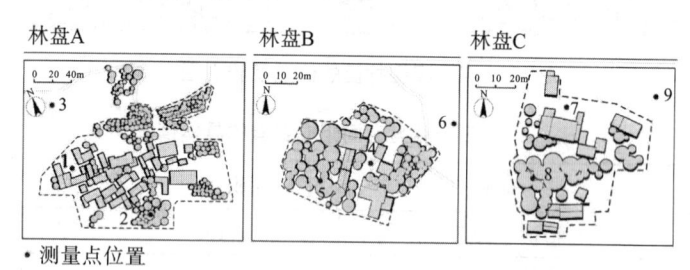

图3-5 林盘A、B、C的平面图和测量点位图

3.1.2.2 测量结果分析

为验证数值模拟的适用性，本节参考了一些学者的研究方法，即比较模拟值和实测值的温度和相对湿度情况。测量时段为8：00—18：00，将每小时内的平均温、湿度值作为该小时的实测温、湿度值。

（1）空气温度。

各测点冬夏季的空气温度测量结果见图3-6。如图所示，冬季早上各测点温度逐步上升，温差相对较小；中午12：00过后，各测点的温度差距开始变大；接近傍晚各测点温度缓步下降。夏季全天各测点的温差都有较大差异，临近傍晚时仍然保持着较高的温度。冬季下午的温度高低呈现规律为：测点3（田地）＞测点1（宅院）＞测点2（林地）；类似地，测点6（田地）＞测点4（宅院）＞测点5（林地）；夏季与冬季有着相同的规律。测点1~6周边田地的温度最高，因为田地未有任何遮挡，受太阳辐射的影响最大。林地中的测点最封闭，树木遮挡了大量的太阳直射，因此林地温度在冬季和夏季都最低。以往大量的研究都证明了树木遮阴对夏季温度有明显的改善作用，这与本次测得的结果一致。宅院的封闭情况位于田地与林地之间，温度大小也位于田地与林地之间。不同的是，测点7~9的温度情况，无论是冬季还是夏季，测点7（宅院）都保持着最高的温度。可能的原因是林盘C属于建筑中心环绕、树木中心分布的林盘，测点7位于林盘最外侧的院坝中，未受建筑与树木遮挡，且院坝空间多为水泥地面，受太阳辐射影响较大，因此温度高于种植农作物和低矮植被的田地。

(a)

(b)

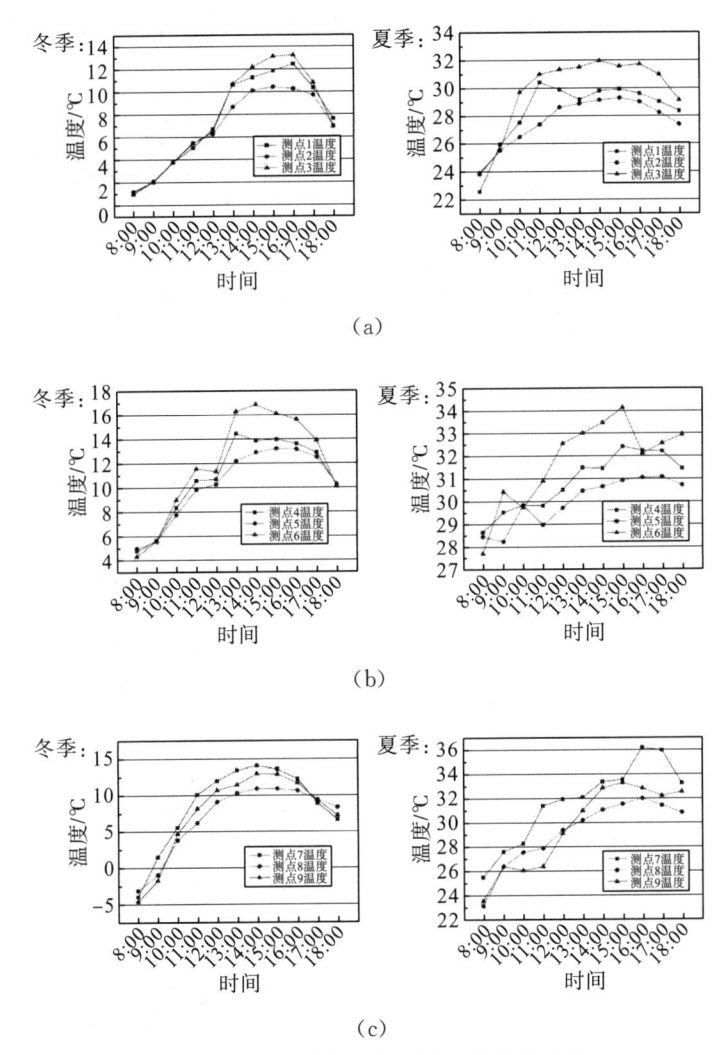

(c)

图3-6 各测点冬季和夏季空气温度对比

(a) 林盘A各测点温度；(b) 林盘B各测点温度；(c) 林盘C各测点温度

(2) 相对湿度。

各测点冬季和夏季的相对湿度测量结果如图3-7所示。由图可知，冬季白天各测点相对湿度变化情况趋近一致，早上8:00的相对湿度最高，随后逐渐变小，15：00—16：00相对湿度值达到了白天中的最低点，随后又缓步升高。在夏季，早上8：00的相对湿度普遍最高，随后依然呈现逐渐变小的趋势，但不如冬季的变化明显，且夏季的相对湿度差明显大于冬季。在冬夏两季，测点2、5、8（林地）的相对湿度值明显高于其他测点，可能是因为林地中有大量植被覆盖，植被的蒸腾减少且植被拥有保存水分的功能，导致林地测点拥有最高的相对湿度值。

(a)

(b)

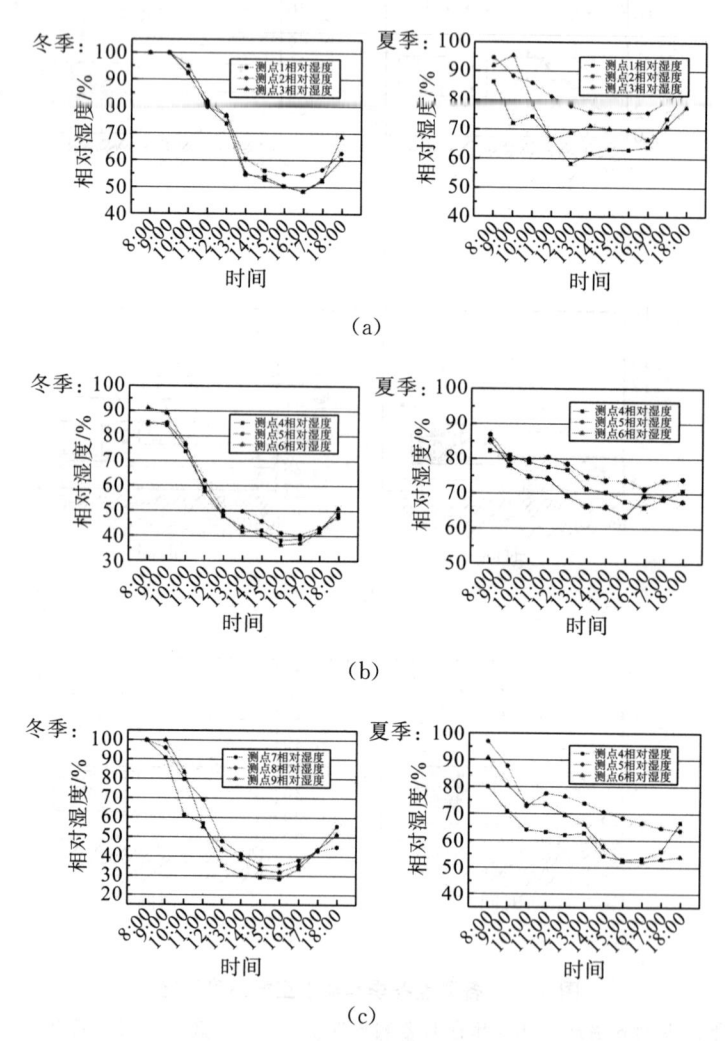

(c)

图3-7 各测点冬季和夏季相对湿度对比

（a）林盘A各测点相对湿度；（b）林盘B各测点相对湿度；（c）林盘C各测点相对湿度

3.1.2.3 建筑与植被信息

对实测林盘和泉水村周边林盘进行了调研，测量和记录了建筑高度、植被种类等信息，用于后续模型建立。

(1) 建筑层数与建筑墙体。

林盘中建筑高度多为1~2层，以1层的合院建筑居多，建筑高度多在4~6m。建筑高度几乎皆为低层，且高度低于许多林盘树木高度，可被树木遮盖，在立面上形成层次分明的景观。传统川西林盘建筑墙体常见类型有生土墙、砖石墙、板壁墙和编竹夹泥墙等。本节研究的宅院外墙多使用土砖墙体或石砖墙体，多数墙体表面抹灰砂浆，用以保护墙体。

(2) 植被高度与种类。

林盘树木的种植都呈现十分密集的特点，树与树之间的距离仅有2~4m，许多树冠互相重合。树冠半径普遍较大，树木高度也高于一般民居。表3-2展示了林盘主要植被的相关信息，楠树、桂花树、香樟树和慈竹数量最多，水杉树、银杏树相对常见，其余偶见树种如枇杷树等未进行统计。

表3-2 林盘主要植被相关信息

植物名	高度	冠径
小叶桢楠树	4~6m	3~5m
桂花树	4~6m	3~5m
闽楠树	8~10m	6~7m
香樟树	8~10m	6~7m
水杉树	9~15m	7~9m
银杏树	9~15m	7~9m
慈竹	8~10m	—

3.1.3 既有林盘微气候模拟校验

3.1.3.1 计算机数值模拟

(1) ENVI-met软件概述。

本节选用了由德国波鸿大学Michael Bruse教授团队开发的微气候模拟工具ENVI-met作为模拟平台。ENVI-met是一种可以模拟城市环境微气候的3D网格模型，基于热力学和流体力学的原理，能模拟大气与建筑、植被、地面等之间的相互作用。ENVI-met软件整体的适用性得到了来自全球多个气候区的不同国家学者们的验证，在城市中尺度或小尺度（多为住区、街谷等）的微气候模拟中得到了广泛的运用。

ENVI-met软件主要模拟流程如图3-8所示。计算模型主要由三维主模型、一维模型、土壤模型以及嵌套网格区域组成,如图3-9所示。三维主模型被等体积地划分为许多个计算网格,每一个网格代表模型的最小分辨率,在网格中可以绘制出建筑物、植被等三维模型。网格越多,模型越精细,但精细的模型需要耗费计算机很大的计算量。三维主模型的上边界之上,还存在着一维模型,它能将竖直方向的高度提升到2500m以确保精度。三维主模型四周为嵌套网格区域,嵌套网格距离三维主模型越远,网格大小就越大。嵌套网格主要用于扩宽模型的边界以增强模型稳定性。

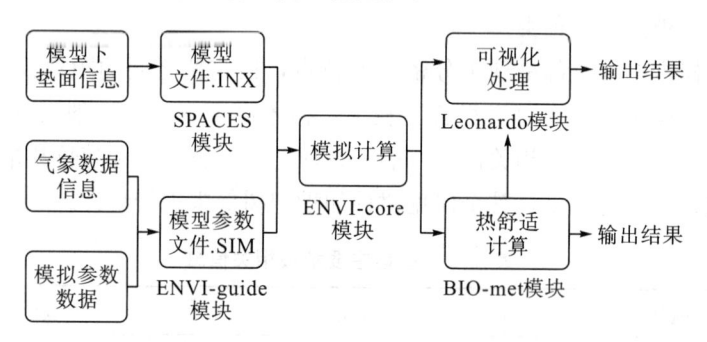

图3-8 ENVI-met软件模拟流程图

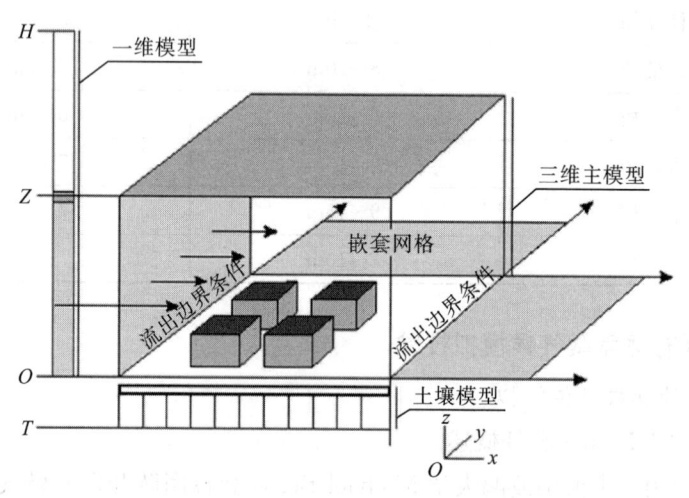

图3-9 ENVI-met计算模型结构

来源:ENVI-met软件。

(2)建立模型。

使用ENVI-met中的内置建模工具SPACE模块建立林盘的3D模型,将地点选定为都江堰市,软件根据内置辐射强度数据库调用当地辐射数据,建立的模型内容包括网格、高程、地面、建筑、植物及监测点等。模拟林盘A、林盘B、林盘C空间大小设置为220m×180m×30m，180m×126m×30m，120m×150m×30m。除建造林盘主体外，林盘周围预留大片土地区域作为外围田地。将ENVI-met网格空间的分辨率设置为2m×2m×2m，模型边界设置5个嵌套网格以防止边界条件影响。竖直方向（z轴）上可以选择等距网格或叠加网格，等距网格除底层被划分为5个小格外，z轴方向的长度被均等分为若干格；叠加网格主要用于使用较少的网格达到较高高度。本研究模型建筑高度低，因此使用等距网格划分竖直高度，底层网格会在竖直方向被均分为5等份，便于计算行人高度上的微气候。

成都平原地势平坦，建模可忽略地形高程的影响。植物的模型分为1D和3D两类，3D植物主要用于构建高大乔木。由于林盘内乔木种类繁多，树木的高度和树冠的直径大小也有所不同，无法完全参照实际情况进行树木建模。为符合林盘内树木高大且树冠密集重合的特征，选取了一些外形与实测树木相似且叶面积密度（LAD）高的3D树模型进行建模，如刺槐（Robinia Pseudoacacia），高12m，宽7m，LAD=2.0。自设圆柱形树木高9m，宽7m，LAD=2.0。在建模最后，设置9个监测点以检测温湿度的变化情况，监测点的位置与实测中布点的位置相同，监测点1~3位于林盘A，监测点4~6位于林盘B，监测点7~9位于林盘C。ENVI-met的监测点能提取模型中任意一点的所有竖直高度上的数据，本节主要提取高度为1.4m的温湿度数据以供与实测数据进行对比。

（3）边界条件设定。

采用简单强制的方法设置边界温湿度值，模拟时间与实测日期相同，冬季为1月14日—15日和1月18日，夏季为7月11日—13日，模拟时间从00：00开始共25小时，并舍弃前8小时模拟初期的数据，得到林盘17小时的微气候变化数据，提取出8：00到18：00的模拟气象数据。气象数据来自距离实测地点5千米的都江堰气象站的逐时数据，包括空气温度、相对湿度、风速和主导风向等，输入边界条件中去。由于气象站统计的风速风向在一天中不断变化，ENVI-met软件较难模拟频繁变化的风速风向条件，因此风速风向取测试期间的平均数据。地表下各层的土壤温度、土壤湿度数据来源于中国气象数据网的当天土壤温度、相对湿度资料，地面粗糙度参考德国风能协会的指标取0.1，其他设置参数取默认值。

3.1.3.2 实测模拟验证

（1）空气温度。

提取三个林盘模型9个监测点的温度，与实测点1~9的温度做对比。

西南地区自然村落和民居热环境案例研究

图3-10展示了冬季和夏季实测温度与模拟温度的对比情况。模拟温度与实测温度在8：00到18：00都有相同的上升或下降趋势，在冬季和夏季模拟温度整体低于实测温度，可能是由于林盘周边实际温度略微高于都江堰气象站统计的温度。冬季各测点模拟温度的差异情况与实测温度相似，林盘主体外的田地以及距林盘中心较远的开放空间温度普遍较高，而林地测点则具有较低的温度，在夏季也呈现了同样的趋势。无论是冬季还是夏季，林地中的测点温度始终是较低的。

(a)

(b)

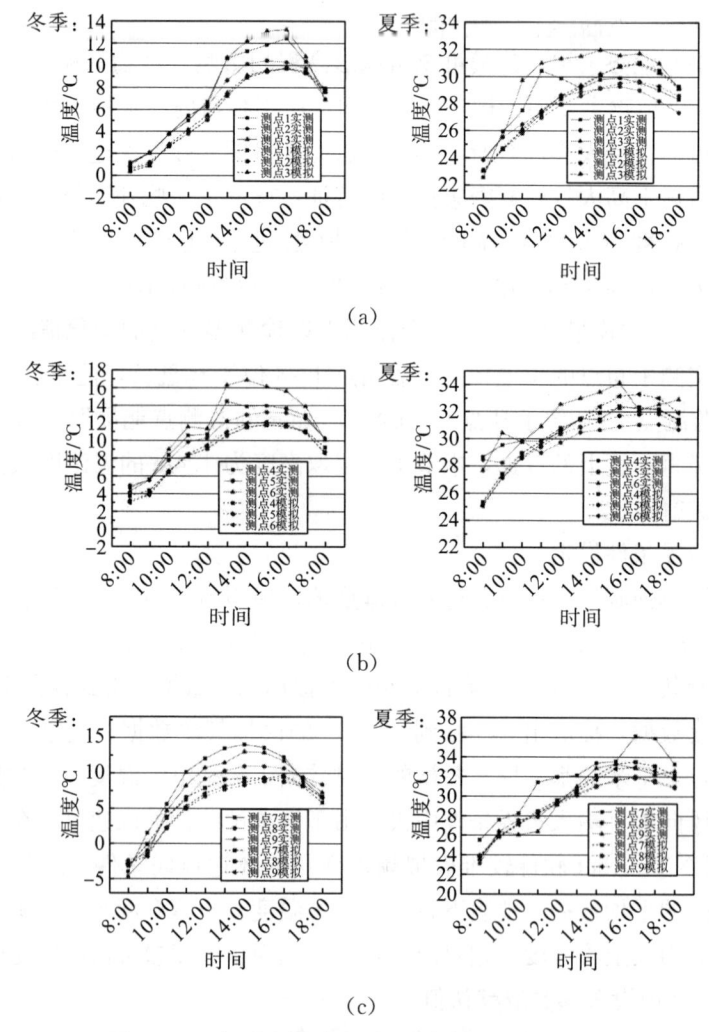

(c)

图3-10 冬季和夏季实测温度与模拟温度的对比
(a) 林盘A各测点温度对比；(b) 林盘B各测点温度对比；
(c) 林盘C各测点温度对比

3 乡村聚落及民居研究案例

（2）相对湿度。

提取三个林盘模型 9 个监测点的相对湿度，与实测的测点 1~9 做对比。如图 3-11 所示，各测点的模拟与实测相对湿度拥有相似的上升或下降趋势，尤其是在冬季，实测与模拟的相对湿度吻合较好，在白天先下降，临近傍晚时回升。在冬季，模拟相对湿度整体高于实测，原因可能与温度类似，即气象站统计的相对湿度略低于林盘。

(a)

(b)

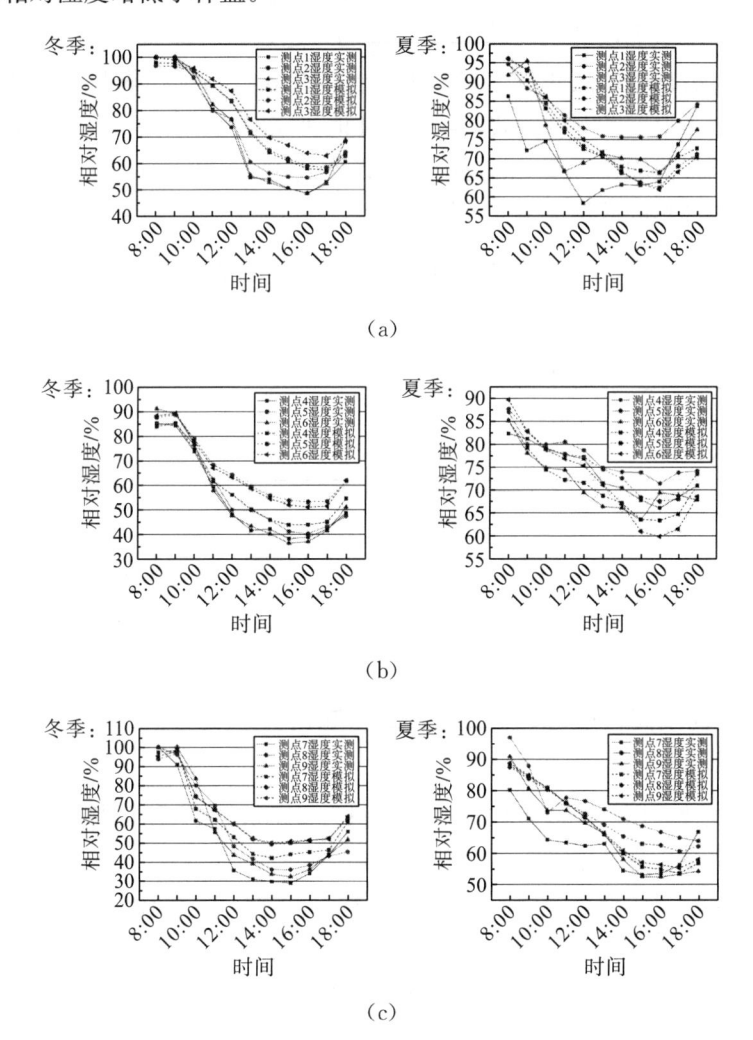

(c)

图 3-11 冬季和夏季实测与模拟相对湿度的对比

(a) 林盘 A 各测点相对湿度对比；(b) 林盘 B 各测点相对湿度对比；(c) 林盘 C 各测点相对湿度对比

(3) 模拟校验分析。

实测与模拟之间的对比还需要进行定量化分析，提取出高度 1.4m 上的实测和模拟结果进行分析。选取 RMSE 及一致性系数 d 来反映实测值与模拟值的关系。RMSE 数值越小，实测值与模拟值之间的误差越小，一致性系数 d 越接近于 1，则一致性越强。当 RMSE 值尽量小且 d 值大于 0.7 时，可认为这两组数据是相关的。林盘冬季和夏季实测值与模拟值之间的 RMSE 和 d 值见表 3-3，本节温度和湿度的 RMSE 值均未超过该临界值，说明软件模拟林盘微气候具有良好的适用性。本书中，模拟结果低估了冬季和夏季的日间温度，也低估了温度和湿度的波动，在以往的研究中也出现过类似的现象。本节实测值和模拟值均在可接受的范围内，说明利用 ENVI-met 软件模拟林盘聚落的小气候和热舒适指标是可行的。

表 3-3 实测与模拟结果 RMSE 及一致性系数 d 值

	RMSE		d	
	冬季	夏季	冬季	夏季
空气温度	2.288	1.366	0.928	0.934
相对湿度	9.879	6.489	0.938	0.887

3.1.3.3 热舒适评价指标选择

在 ENVI-met 软件中，可以使用 Bio-met 模块计算模型区域的热舒适指标，可计算的热舒适评价指标有预测平均投票（PMV）、生理等效温度（PET）、通用热气候指标（UTCI）三种。

3.1.4 不同空间构成对林盘微气候的影响研究

3.1.4.1 空间构成要素转化

根据统计数据，区域内林盘平均面积为 7478m^2，主体形状多呈团状，本书将此类林盘作为基本模型。在 98m×98m×30m 的网格区域内建立一个方形的区域，林盘主体部分之外的地面材质设置为土壤，作为林盘的边界部分，竖直方向上采用等距网格，将底层网格均分为 5 个竖直方向的小格，3D 模型边缘设置 5 个嵌套网格防止边界对模型的过度影响，如图 3-12 所示。

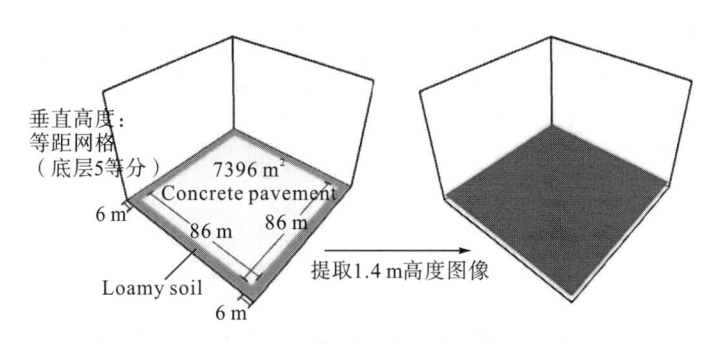

图 3－12　模型网格尺寸示意图

（1）建筑方案。

根据统计结果，有 1~5 栋建筑的林盘数量最多，6~10 栋其次，林盘的平均建筑数量为 6.4 栋，实验选取了 4 栋建筑、6 栋建筑、8 栋建筑、10 栋建筑四种方案进行微气候的模拟。结合建筑 ANND 的数据，将建筑排布方式划分为交错紧密排布（建筑质心距离 18m）、交错松散排布（建筑质心距离 26m）、整齐紧密排布（建筑质心距离 18m）、整齐松散排布（建筑质心距离 26m）、建筑中心环绕排布五类，方案编号分别为 1~5，在林盘区域内共设置 8 栋建筑，如图 3－13 所示。

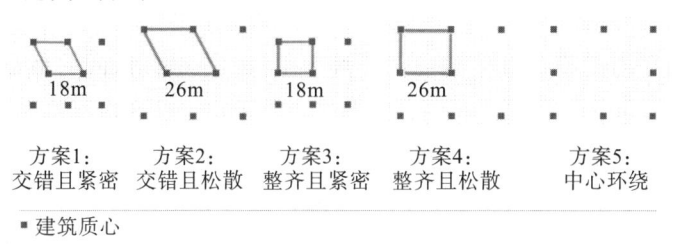

图 3－13　建筑分布方案示意图

将建筑形式的实验设计为一字形建筑、L 形建筑和三合院建筑这三种情况，代表了传统林盘中最常见的建筑形式，如图 3－14 所示。L 形建筑承接一字形建筑设为常见的一横三正房加两耳房式，山墙宽度与一字形建筑一致。三合院建筑同样承接一字形建筑进行变化而来。为便于建立模型，将三合院建筑面宽设为与一字形建筑一致，两侧厢房的宽度设为 4m。

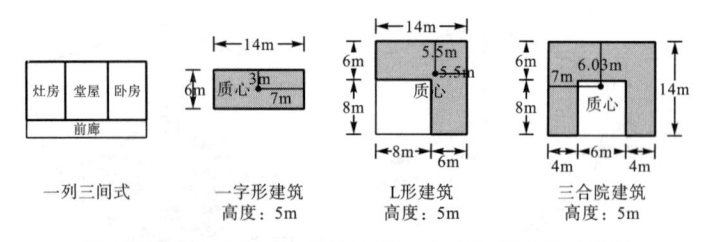

图 3-14　各建筑形式模型平面示意图与图形质心位置

图 3-15 展示了对林盘建筑形式模拟的三种方案,建筑高度设为 5m,材质选择烧制砖墙。

图 3-15　建筑形式模拟方案示意图

(2) 植被方案。

植被的平均覆盖率约为 44%,覆盖率在 50%~60% 区间的林盘数量最多,其次是 40%~50%、30%~40%、20%~30% 区间。以平均覆盖率 44%(接近 45%)和高频覆盖范围的植被为基准,设计 25% 植被覆盖、35% 植被覆盖、45% 植被覆盖、55% 植被覆盖这四种情况,编号分别设置为 1~4,植被选取自设的圆柱形乔木(高 9m,宽 7m,LAD=2.0)作为 3D 植物模型。模型中林盘主体面积为 7396m²,在 25%~55% 植被覆盖率的方案中布置的 3D 乔木数量分别设置为 36 棵、51 棵、66 棵和 81 棵,3D 乔木之间至少保持 6m 间距,部分树冠之间有重合,如图 3-16 所示。

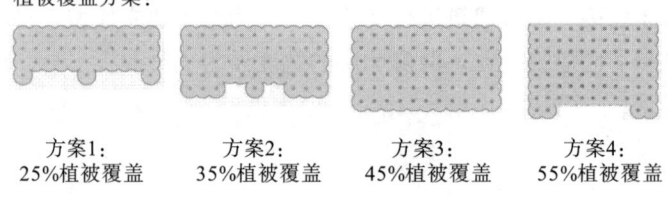

图 3-16　植被覆盖方案示意图

在植被布置因素方面，本章选取了植被环绕布置、中心集中布置、植被分散布置、单侧布置这几种情况作为实验方案，与之前学者对林盘植被的分类相似，不同的是，本研究将树木单侧布置又划分为迎风和背风两类。都江堰全年以西北风为盛行风向，林盘建筑的整体朝向也多坐南朝北，将单侧的植被分为集中在林盘北侧和南侧两类，分别代表迎风和背风的植被分布，因此植被布置方案共有 5 类。如图 3-17 所示，以接近植被平均覆盖率 45% 设计了 5 类方案。

植被分布方案：

方案1：植被环绕　方案2：中心集中　方案3：植被分散　方案4：单侧分布　方案5：单侧分布

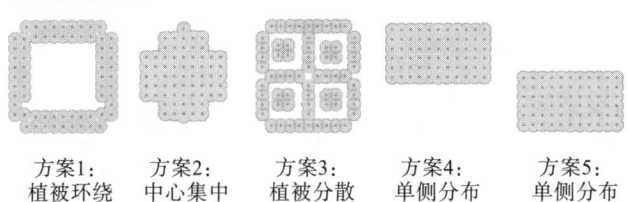

图 3-17　植被分布方案示意图

（3）模拟方案总结。

表 3-4 总结了各模拟方案的空间构成要素。在非建筑数量对比中，其他方案的建筑数量均采用 8 栋建筑便于设计实验；在非建筑分布模式的对比中，其他方案的建筑分布均采用常见的交错且紧密式分布模式；在非建筑形式的对比中，其余方案的建筑形式均采用常见的一字形建筑模型；在非植被分布模式的对比中，其余方案均采用常见的单侧分布模式（迎风布置）；在非植被覆盖的对比中，其余方案均采用接近植被平均覆盖率 45%。

表 3-4　林盘空间构成要素对微气候的影响模拟方案

	模拟方案	建筑数量	建筑分布	建筑形式	植被分布	植被覆盖
建筑数量	方案 1	4				
	方案 2	6				
	方案 3	8	交错紧密	一字形	—	—
	方案 4	10				

续表3-4

模拟方案		建筑数量	建筑分布	建筑形式	植被分布	植被覆盖
建筑分布	方案1	8	交错紧密	一字形	—	—
	方案2		交错松散			
	方案3		整齐紧密			
	方案4		整齐松散			
	方案5		中心环绕			
建筑形式	方案1	8	交错紧密	一字形		
	方案2			L形		
	方案3			三合院		
植被分布	方案1	—	—	—	植被环绕	
	方案2				中心集中	
	方案3				植被分散	45%
	方案4				单侧迎风	
	方案5				单侧背风	
植被覆盖	方案1	—				25%
	方案2					35%
	方案3				单侧迎风	45%
	方案4					55%

确立模拟方案后需要进行边界条件气象参数的输入，本节参考了刘世文的方法，将《城市住区热环境设计标准》及征求意见稿中成都市冬夏季节的"典型气象日"数据输入软件中。选取典型气象日进行模拟，能充分反映传统民居在长期气象变化中的微气候变化。将典型气象日逐时的温度、湿度值输入模型，冬季典型气象日的平均风速为0.9m/s，主导风向为22.5°方向（东北偏北），夏季典型气象日的平均风速为1.35m/s，主导风向为337.5°方向（西北偏北）。模拟时间设置为24h，将所有方案模拟完毕后提取了从8:00到18:00共11h的空气温度、相对湿度、风速和平均辐射温度值进行对比分析。

3.1.4.2 建筑因素的影响

本节分析讨论了三种建筑因素（建筑数量、建筑分布和建筑形式）对微气候指标的影响，具体包括空气温度、相对湿度、风速和平均辐射温度。对比不同方案的微气候指数，一般有两种方法（以空气温度举例）：一是选取区域内特定的一个或几个监测点（如在模型中心放置监测点），进行空气温度的观测对比；二是计算区域内网格的平均空气温度进行观测对比。因林盘内建筑、植被变化情况较多，难以放置特定的监测点，本节选取第二种方法。但由于林盘模型区域面积较大，分辨率较高，网格数量多，取平均值会出现各方案温度差距过小的情况，因此本节将各方案的平均温度值保留小数点后三位以做对比。

（1）建筑数量。

①空气温度：表3-5展示了冬季和夏季4种建筑方案的平均空气温度差异情况，8：00、13：00和18：00分别代表白天中的早晨、中午、傍晚时点；日间平均值则代表一天中11个小时的平均数，后续表格中"日间平均值"等的含义与本表相同。冬季从方案1到方案4，空气温度的日间平均值呈现上升趋势，但变化趋势不如夏季显著。夏季除8：00外，从方案1到方案4其他时点和日间平均值的空气温度都呈现下降趋势。冬季建筑数量方案4（10栋建筑）的空气温度平均值最高，而夏季方案4（12栋建筑）的空气温度平均值最低。图3-18展示了冬季和夏季中午13：00建筑数量的4种方案在1.4m高的空气温度分布，此时是白天的中心时间点，太阳高度高，日照较强烈，阴影面积相对较小，因此本节提取中午13：00的图像方便进行对比说明。由图可知，区域内温度最大与最小值的差值在0.5℃左右，在冬季的温度分布图中未能发现明显规律，但在建筑周围（尤其在背风面）出现了红色的高温度区域，这是由于建筑在冬季能阻挡寒风；在夏季能发现随着建筑数量的增多，代表高温的红色区域面积减少，代表低温的蓝绿色区域面积有所增大。综合图表，可以发现随着建筑数量增多，林盘内整体空气温度在冬季变高，在夏季变低。

表3-5 不同建筑数量方案平均温度对比

方案	冬季温度/℃				夏季温度/℃			
	8：00	13：00	18：00	日间平均值	8：00	13：00	18：00	日间平均值
4栋	3.382	6.791	7.233	6.115	23.245	27.069	27.323	26.348
6栋	3.395	6.789	7.232	6.121	23.239	27.057	27.318	26.340
8栋	3.416	6.789	7.232	6.128	23.248	27.038	27.298	26.322
10栋	3.431	6.794	7.233	6.136	24.243	27.015	27.294	26.312

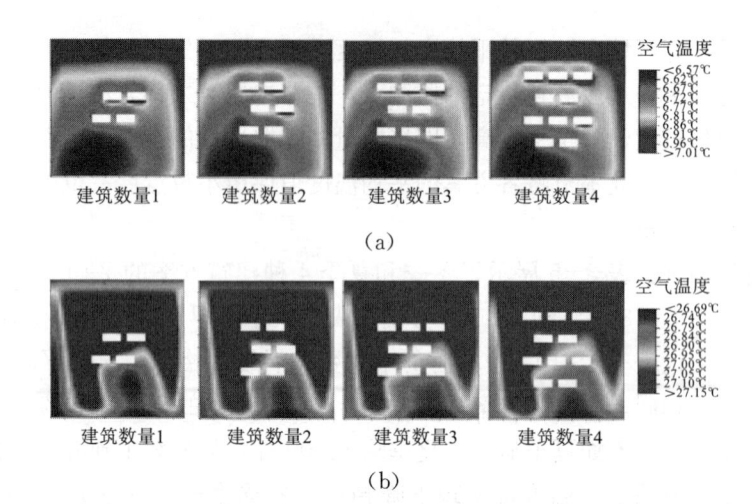

(a) 建筑数量1　建筑数量2　建筑数量3　建筑数量4

(b) 建筑数量1　建筑数量2　建筑数量3　建筑数量4

图 3-18　建筑数量的 4 种方案 13：00 空气温度分布图
(a) 冬季；(b) 夏季

②相对湿度：表 3-6 展示了冬季和夏季 4 种建筑方案的平均相对湿度差异情况。冬季从方案 1 到方案 4 相对湿度的日间平均值呈现下降趋势，夏季从方案 1 到方案 4 相对湿度的日间平均值呈现上升趋势。冬季建筑数量方案 4（12 栋建筑）的相对湿度平均值最低，而夏季方案 4（10 栋建筑）的相对湿度平均值最高；冬季方案 1（4 栋建筑）的相对湿度平均值最高，而夏季方案 1（4 栋建筑）的相对湿度平均值最低。图 3-19 展示了冬夏季 13：00 建筑数量的 4 种方案在 1.4m 高的相对湿度。

表 3-6　不同建筑数量方案平均相对湿度对比

方案	冬季相对湿度/%				夏季相对湿度/%			
	8：00	13：00	18：00	日间平均值	8：00	13：00	18：00	日间平均值
4 栋建筑	92.900	79.262	73.879	80.920	92.504	77.494	76.666	80.262
6 栋建筑	92.847	79.243	73.878	80.883	92.495	77.501	76.703	80.297
8 栋建筑	92.775	79.252	73.883	80.856	92.530	77.642	76.779	80.381
10 栋建筑	92.692	79.220	73.885	80.816	92.533	77.683	76.816	80.415

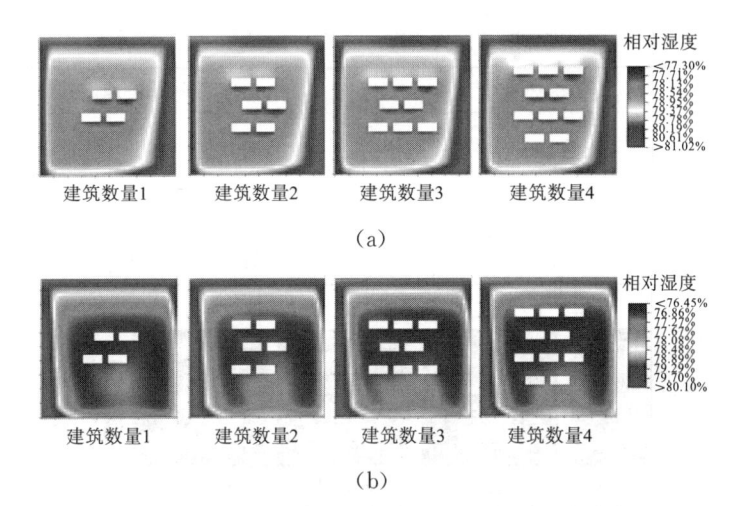

图 3-19 建筑数量的 4 种方案 13：00 相对湿度分布图
(a) 冬季；(b) 夏季

模型区域四周的相对湿度值较高，而林盘中心区域的相对湿度值保持较低。相对湿度的变化与空气温度有关，空气温度值差距较低，因此相对湿度值的变化也较小。随着建筑数量增多，林盘内整体相对湿度在冬季变低，在夏季变高。

③风速：表 3-7 展示了冬季和夏季 4 种建筑方案的平均风速差异情况。可以看到，冬季和夏季从方案 1 到方案 4 风速的变化趋近一致，建筑数量越多则整体风速平均值越小。冬季和夏季建筑数量方案 4（10 栋建筑）的风速平均值最低，方案 1（4 栋建筑）则最高。图 3-20 展示了冬季和夏季 13：00 建筑数量的 4 种方案在 1.4m 高的风速大小分布图。可以明显看到，无论在冬季还是夏季，建筑周围形成了大片的低风速区域，甚至近乎接近 0 的区域。随着建筑数量的增加，低风速区域的面积也变得更大。尤其在建筑背风面有许多网格颜色为蓝色，这是建筑物对气流的阻挡所致。区域内建筑数量越多，则平均风速越小。

表 3-7 不同建筑数量方案平均风速对比

方案	冬季风速/(m/s)				夏季风速/(m/s)			
	8：00	13：00	18：00	日间平均值	8：00	13：00	18：00	日间平均值
4 栋建筑	0.669	0.660	0.650	0.656	0.952	0.958	0.944	0.949
6 栋建筑	0.651	0.643	0.631	0.638	0.918	0.925	0.910	0.915

续表3-7

方案	冬季风速/(m/s)				夏季风速/(m/s)			
	8:00	13:00	18:00	日间平均值	8:00	13:00	18:00	日间平均值
8栋建筑	0.623	0.614	0.601	0.609	0.871	0.874	0.858	0.865
10栋建筑	0.607	0.598	0.585	0.593	0.848	0.850	0.834	0.841

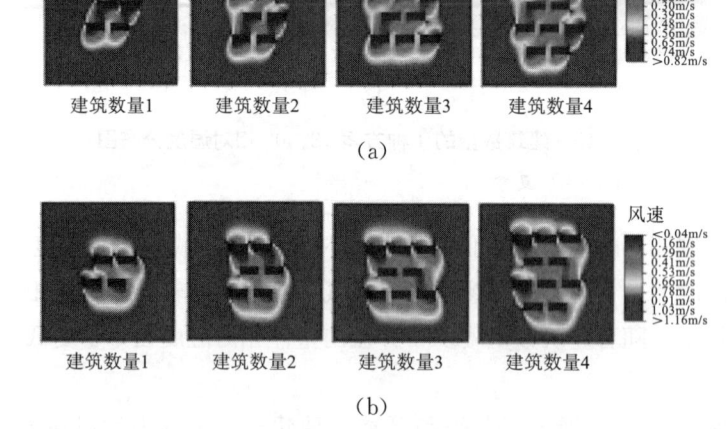

图3-20 建筑数量的4种方案13:00风速分布图
(a) 冬季；(b) 夏季

④平均辐射温度：平均辐射温度（MRT）是环境对人体辐射作用的平均温度，在室外MRT比空气温度更能反映人体的热舒适感受，此指标被广泛运用于室外微气候的研究中。表3-8展示了冬季和夏季4种建筑方案的平均MRT差异情况。冬季和夏季从方案1到方案4的MRT变化趋近一致，建筑数量越多则整体MRT值越小。冬季和夏季建筑数量方案4（10栋建筑）的MRT最低，方案1（4栋建筑）则最高。图3-21展示了冬季和夏季13:00建筑数量的4种方案在1.4m高的MRT值分布。在冬季，建筑阴影呈现了大片蓝色低MRT区域，在夏季建筑周边区域都出现了较低MRT的区域，建筑数量越多，则低MRT区域面积就越大。

表 3-8　不同建筑数量方案平均 MRT 对比

方案	冬季 MRT/℃				夏季 MRT/℃			
	8：00	13：00	18：00	日间平均值	8：00	13：00	18：00	日间平均值
4 栋建筑	−6.544	28.736	1.197	18.440	32.816	42.634	41.966	43.568
6 栋建筑	−6.612	28.238	0.913	17.988	32.455	42.414	41.603	43.295
8 栋建筑	−7.140	27.846	0.831	17.523	32.141	42.179	41.302	43.061
10 栋建筑	−7.549	27.423	0.598	16.986	31.783	41.932	40.902	42.788

(a)

(b)

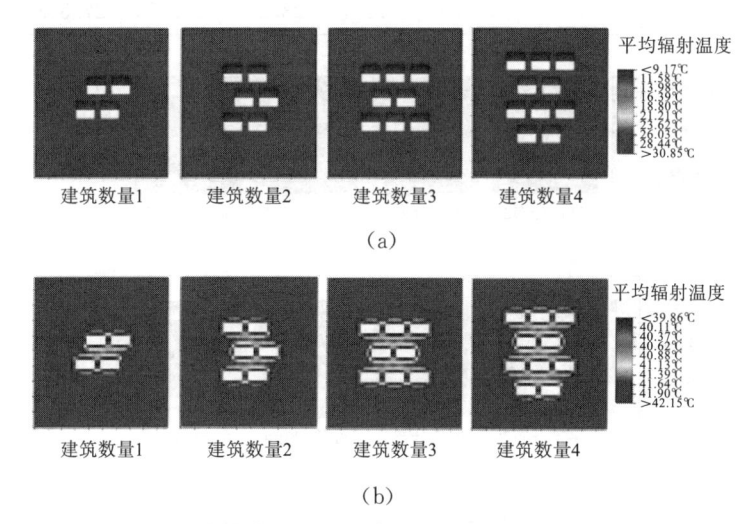

图 3-21　建筑数量的 4 种方案 13：00 平均辐射温度分布图
(a) 冬季；(b) 夏季

(2) 建筑分布。

①空气温度：表 3-9 展示了冬季和夏季 5 种建筑分布方案的平均空气温度差异情况。方案 5（中心环绕）的建筑分布在冬季和夏季整体平均温度最高，冬季温度最低的是方案 1（交错紧密），夏季温度最低的同样是方案 1。图 3-22 展示了在冬季和夏季 13：00 建筑分布的 5 种方案在 1.4m 高的空气温度值分布图。方案 5（中心环绕）在冬季拥有较小的蓝色低温区域，在夏季则有较大的红色高温区域。结合图表，可以发现紧密的建筑分布会使得室外温度降低，而开阔的建筑分布则相反。

表 3-9 不同建筑分布方案平均空气温度对比

方案	冬季温度/℃				夏季温度/℃			
	8:00	13:00	18:00	日间平均值	8:00	13:00	18:00	日间平均值
交错紧密	3.416	6.789	7.232	6.128	23.248	27.038	27.298	26.322
交错松散	3.425	6.797	7.242	6.135	23.250	27.037	27.316	26.329
整齐紧密	3.413	6.795	7.235	6.131	23.241	27.037	27.293	26.323
整齐松散	3.421	6.798	7.245	6.137	23.241	27.053	27.318	26.337
中心环绕	3.429	6.797	7.248	6.137	23.250	27.056	27.338	26.344

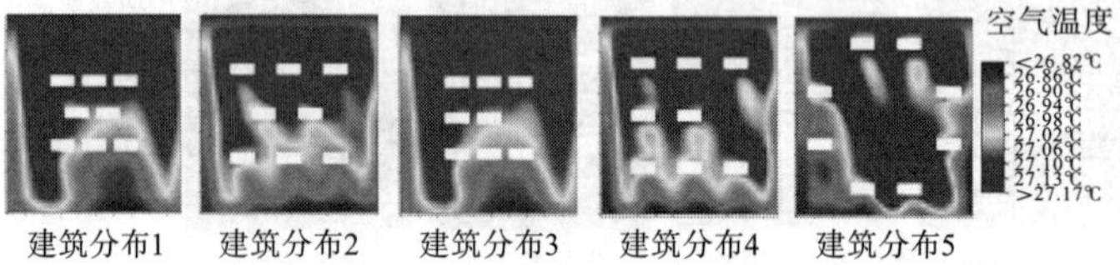

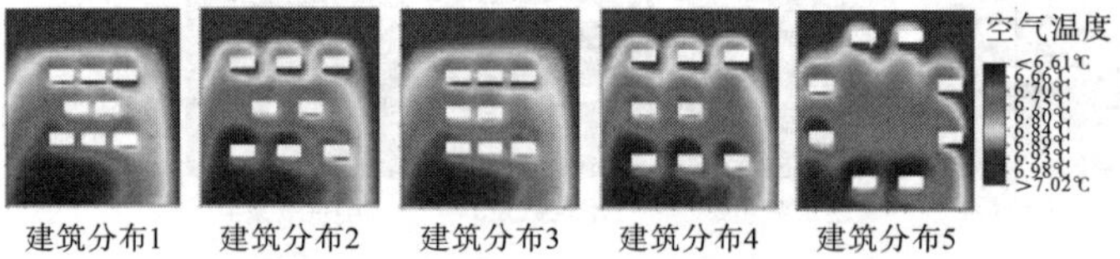

图 3-22 建筑分布的 5 种方案 13:00 空气温度分布图
(a) 冬季；(b) 夏季

②相对湿度：表 3-10 展示了冬季和夏季 5 种建筑分布方案的平均相对湿度差异情况。相对湿度值的大小规律与空气温度相反，冬季和夏季方案 5（中心环绕）建筑分布的日间平均相对湿度最低，冬季和夏季相对湿度最高的为方案 1（交错紧密）。图 3-23 展示了在冬季和夏季 13:00 建筑分布的 5 种方案在 1.4m 高的相对湿度值。区域中心的整体相对湿度小于模型边界，在夏季，区域中心出现了大片的蓝色（低相对湿度网格）区域。紧密的建筑分布拥有较高的相对湿度，松散的建筑分布拥有较低的相对湿度。

表 3-10　不同建筑分布方案平均相对湿度对比

方案	冬季相对湿度/% 8:00	13:00	18:00	日间平均值	夏季相对湿度/% 8:00	13:00	18:00	日间平均值
交错紧密	92.775	79.252	73.883	80.856	92.530	77.642	76.779	80.381
交错松散	92.717	79.229	73.834	80.814	92.478	77.590	76.744	80.341
整齐紧密	92.784	79.222	73.891	80.848	92.541	77.636	76.783	80.375
整齐松散	92.810	79.217	73.854	80.812	92.476	77.535	76.714	80.296
中心环绕	92.712	79.114	73.769	80.744	92.458	77.484	76.643	80.249

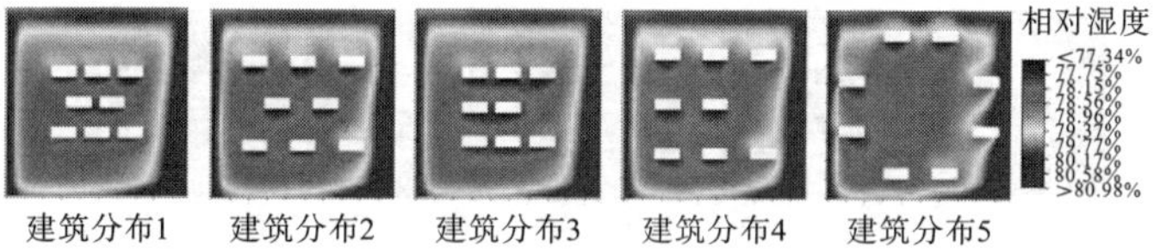

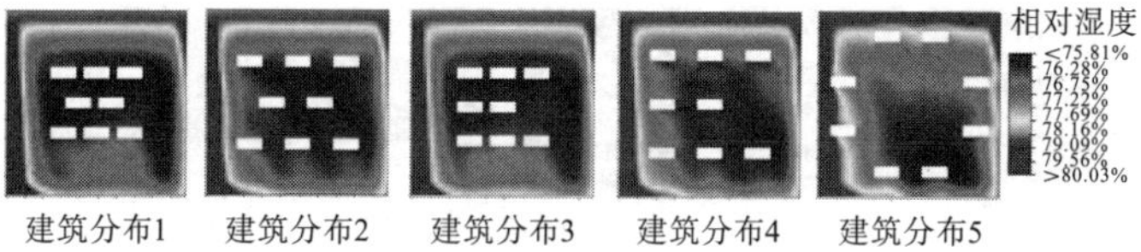

图 3-23　建筑分布的 5 种方案 13:00 相对湿度分布图
（a）冬季；（b）夏季

③风速：表 3-11 展示了冬季和夏季 5 种建筑分布方案的平均风速差异情况，图 3-24 展示了冬季和夏季 13:00 建筑分布的 5 种方案在 1.4m 高的风速大小分布图。在建筑分布方案中，所有建筑数量都被固定为 8 栋，建筑密度是一致的，对比发现不同的建筑分布方案也会造成明显的风速差异。在冬季，方案 1（交错紧密）的整体平均风速最大，方案 4（整齐松散）则最小；在夏季，方案 1 的风速同样是最大的，方案 2（交错松散）则拥有最小的平均风速。无论在冬季还是夏季，松散的建筑分布更能阻挡气流的速度，能产生更多风速较小的区域；而紧密的建筑布局则会导致建筑周围有着更大空旷的区域，形成较大的气流速度。

表 3-11　不同建筑分布方案平均风速对比

方案	冬季风速/(m/s) 8:00	13:00	18:00	日间平均值	夏季风速/(m/s) 8:00	13:00	18:00	日间平均值
交错紧密	0.623	0.614	0.601	0.609	0.871	0.874	0.858	0.865
交错松散	0.608	0.595	0.578	0.590	0.835	0.829	0.808	0.821
整齐紧密	0.618	0.608	0.595	0.603	0.864	0.866	0.849	0.857
整齐松散	0.608	0.595	0.577	0.589	0.839	0.832	0.811	0.824
中心环绕	0.614	0.601	0.586	0.597	0.852	0.848	0.827	0.839

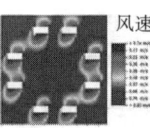

图 3-24　建筑分布的 5 种方案 13:00 风速分布图
(a) 冬季；(b) 夏季

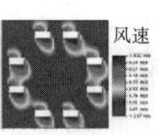

④平均辐射温度：表 3-12 展示了冬季和夏季 5 种建筑分布方案的平均 MRT 差异情况，图 3-25 展示了冬季和夏季 13:00 建筑分布的 5 种方案在 1.4m 高的 MRT 值分布图。在建筑分布方案中，冬季方案 5（中心环绕）的平均 MRT 值最高，方案 4（整齐松散）则最低；夏季同样是方案 5 的平均 MRT 值最高，方案 4 同样为最低。由图可知，夏季方案 4 建筑之间存在大面积低 MRT 区域，而方案 1、3 由于建筑紧密导致低 MRT 区域面积较小。综合图表来看，紧密的建筑分布 MRT 值要高于松散的建筑分布。

表 3-12 不同建筑分布方案的平均 MRT 对比

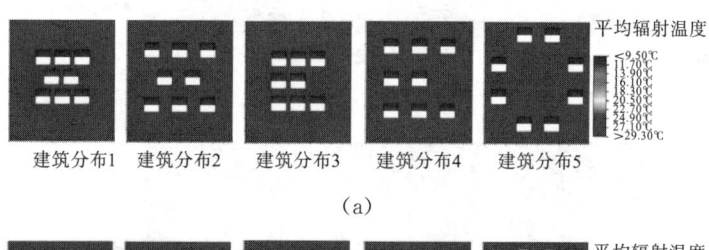

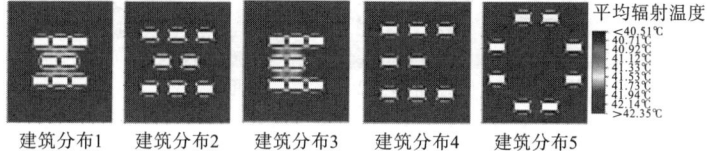

方案	冬季 MRT/℃ 8:00	13:00	18:00	日间平均值	夏季 MRT/℃ 8:00	13:00	18:00	日间平均值
交错紧密	-7.140	27.846	0.831	17.523	32.141	42.179	41.302	43.061
交错松散	-7.348	27.916	0.661	17.505	31.768	42.148	41.173	43.027
整齐紧密	-7.250	27.860	0.740	17.520	32.140	42.180	41.293	43.027
整齐松散	-7.546	27.927	0.560	17.486	31.769	42.141	41.158	43.019
中心环绕	-7.269	27.914	0.987	17.598	32.062	42.182	41.259	43.076

(a)

(b)

图 3-25 建筑分布的 5 种方案 13:00 平均辐射温度分布图
(a) 冬季；(b) 夏季

(3) 建筑形式。

①空气温度：表 3-13 展示了冬季和夏季建筑形式的 3 种方案的平均空气温度差异情况，图 3-26 展示了冬季和夏季 13:00 建筑形式的 3 种方案在 1.4m 高的空气温度值。温度变化趋势较为明显，从一字形到三合院，冬季整体平均空气温度值逐步升高，夏季则逐步降低。

表 3-13 不同建筑形式方案的平均温度对比

方案	冬季温度/℃ 8:00	13:00	18:00	日间平均值	夏季温度/℃ 8:00	13:00	18:00	日间平均值
一字形	3.416	6.789	7.232	6.128	23.248	27.038	27.298	26.322

续表3-13

方案	冬季温度/℃				夏季温度/℃			
	8:00	13:00	18:00	日间平均值	8:00	13:00	18:00	日间平均值
L形	3.419	6.806	7.230	6.136	23.237	27.011	27.280	26.312
三合院	3.439	6.798	7.222	6.137	23.238	27.017	27.266	26.307

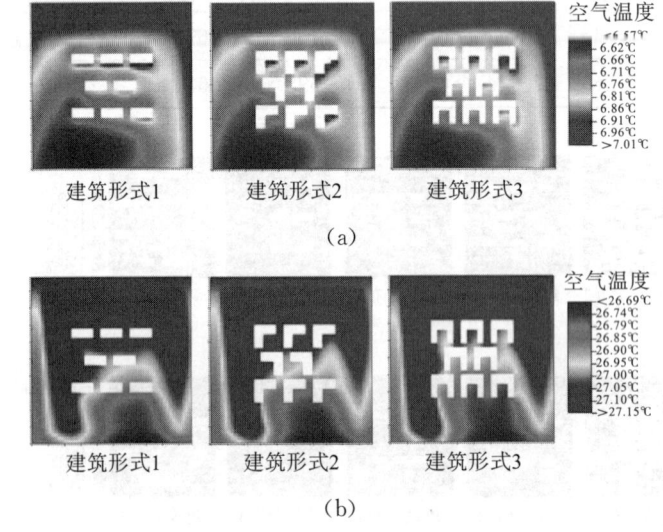

图3-26 建筑形式的3种方案13:00空气温度分布图
(a) 冬季；(b) 夏季

②相对湿度：表3-14展示了冬季和夏季建筑形式的3种方案的平均相对湿度差异情况，图3-27展示了冬季和夏季13:00建筑形式的3种方案在1.4m高的相对湿度值分布图。冬季日间平均相对湿度大小为方案1（一字形）=方案3（三合院）＞方案2（L形），夏季则是随着建筑复杂度提升，相对湿度值呈现明显上升趋势。总体来看，建筑复杂度提升，相对湿度值冬季变化不明显，夏季则会上升。

表3-14 不同建筑形式方案的平均相对湿度对比

方案	冬季相对湿度/%				夏季相对湿度/%			
	8:00	13:00	18:00	日间平均值	8:00	13:00	18:00	日间平均值
一字形	92.775	79.252	73.883	80.856	92.530	77.642	76.779	80.381

续表3-14

方案	冬季相对湿度/%				夏季相对湿度/%			
	8:00	13:00	18:00	日间平均值	8:00	13:00	18:00	日间平均值
L形	92.591	79.273	73.919	80.845	92.514	77.705	76.846	80.429
三合院	92.585	79.273	73.957	80.856	92.585	77.804	76.971	80.503

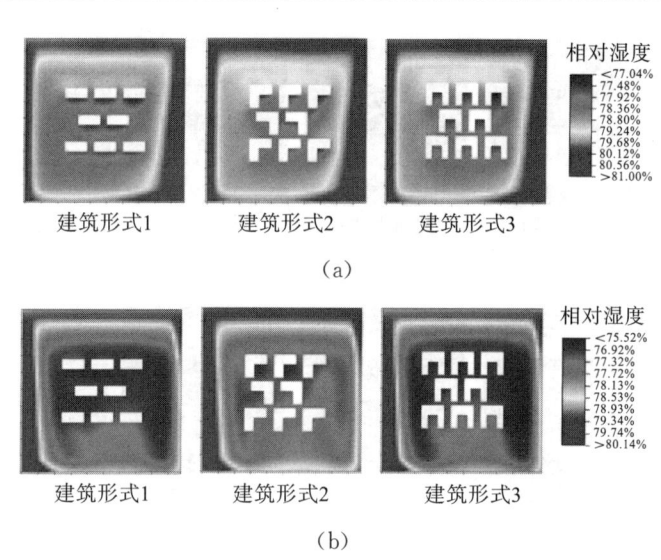

图3-27 建筑形式的3种方案13:00 相对湿度分布图
(a) 冬季；(b) 夏季

③风速：表3-15展示了冬季和夏季建筑形式的3种方案的平均风速差异情况，图3-28展示了冬季和夏季13:00建筑形式的3种方案在1.4m高的风速大小分布。冬季最大平均风速存在于方案1（一字形），最小平均风速存在于方案3（三合院），这是建筑复杂度增加、建筑密度增加导致的。夏季最大风速仍然存在于方案1（一字形），最小风速则存在于方案2（L形）。无论是冬季还是夏季，一字形建筑方案的平均风速都是最大的。

表3-15 不同建筑形式方案的平均风速对比

方案	冬季风速/(m/s)				夏季风速/(m/s)			
	8:00	13:00	18:00	日间平均值	8:00	13:00	18:00	日间平均值
一字形	0.623	0.614	0.601	0.609	0.871	0.874	0.858	0.865

续表3-15

方案	冬季风速/(m/s)				夏季风速/(m/s)			
	8:00	13:00	18:00	日间平均值	8:00	13:00	18:00	日间平均值
L形	0.617	0.607	0.594	0.602	0.845	0.848	0.831	0.839
三合院	0.616	0.606	0.593	0.601	0.863	0.865	0.847	0.855

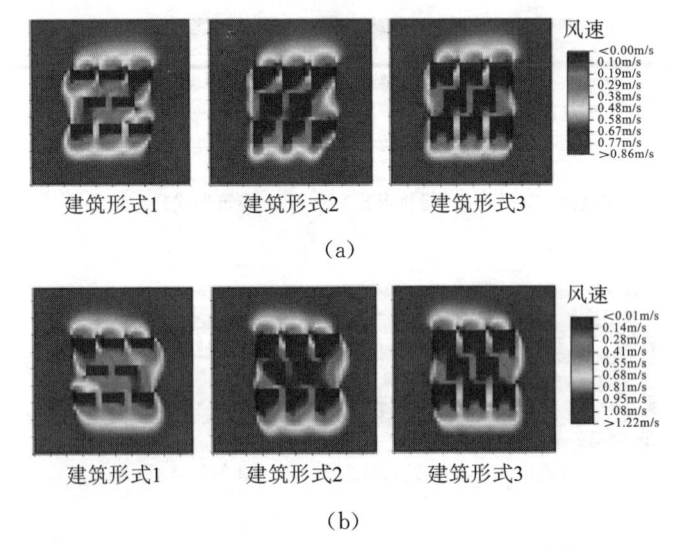

图 3-28 建筑形式的 3 种方案 13:00 风速分布图
(a) 冬季；(b) 夏季

④平均辐射温度：表 3-16 展示了冬季和夏季建筑形式的 3 种方案的平均 MRT 差异情况，图 3-29 展示了冬季和夏季 13:00 建筑形式的 3 种方案在 1.4m 高的 MRT 值分布。冬季日间整体 MRT 大小排序为：方案 1（一字形）＞方案 2（L 形）＞方案 3（三合院），夏季大小排序同样如此。无论冬季还是夏季，方案 1 都是 MRT 最高的方案。这是由于较简单的建筑形式阴影面积要小于复杂建筑形式的阴影面积，如同方案 1 这类林盘的阴影面较少能受到强烈的太阳辐射。

表3-16 不同建筑形式方案的平均MRT对比

方案	冬季MRT/℃				夏季MRT/℃			
	8:00	13:00	18:00	日间平均值	8:00	13:00	18:00	日间平均值
一字形	-7.140	27.846	0.831	17.523	32.140	42.179	41.302	43.061
L形	-7.330	27.755	0.732	17.067	30.594	41.816	40.098	43.363
三合院	-6.873	27.691	0.623	16.693	30.258	41.624	39.432	41.776

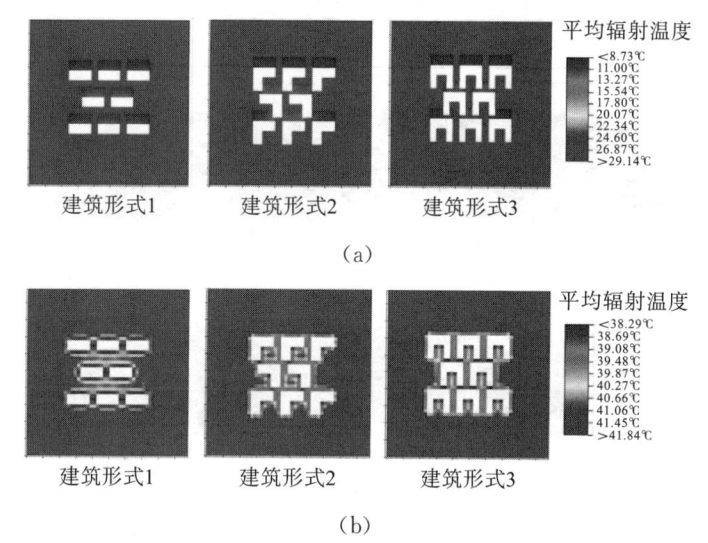

图3-29 建筑形式的3种方案13:00平均辐射温度分布图
(a) 冬季；(b) 夏季

3.1.4.3 植被因素的影响

本节分析讨论了两种植被因素（植被分布、植被覆盖）对微气候指标（空气温度、相对湿度、风速和平均辐射温度）的影响。

(1) 植被分布。

①空气温度：植被分布方案共有5个，各方案平均空气温度差异情况见表3-17，各方案空气温度的分布如图3-30所示。同样由于模型区域面积较大，将微气候指标的平均结果数值保留小数点后三位。在覆盖率相同的情况下，不同植被分布方式会产生较小的温度差异，在冬季和夏季植被覆盖的区域都会滞留大量红色的高温区域。对比表3-17中冬季整体温度平均值，温度最高的是方案3（植被分散），温度最低的是方案5（单侧背风）；在夏季，温度最高的是方案2（中心集中），温度最低的是方案1（植被环绕）。

表 3-17　不同植被分布方案平均温度对比

方案	冬季温度/℃ 8:00	13:00	18:00	日间平均值	夏季温度/℃ 8:00	13:00	18:00	日间平均值
植被环绕	3.370	6.927	7.242	6.198	23.468	27.057	27.258	26.397
中心集中	3.365	6.954	7.231	6.208	23.534	27.178	27.304	26.503
植被分散	3.359	6.951	7.236	6.210	23.480	27.144	27.255	26.445
单侧迎风	3.350	6.913	7.223	6.200	23.537	27.079	27.232	26.429
单侧背风	3.391	6.914	7.239	6.180	23.450	27.211	27.355	26.498

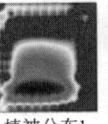

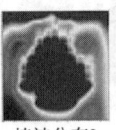

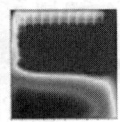

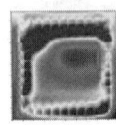

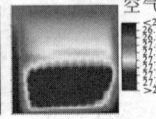

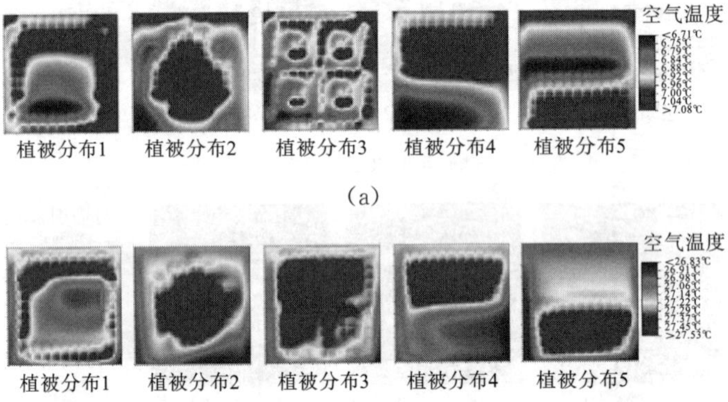

(a)

(b)

图 3-30　植被分布的 5 种方案 13:00 空气温度分布图
(a) 冬季；(b) 夏季

②相对湿度：各方案的平均相对湿度差异情况见表 3-18，各方案相对湿度的分布如图 3-31 所示。冬季相对湿度最高的是方案 5（单侧背风），湿度最低的是方案 1（植被环绕）；夏季湿度最高的是方案 4（单侧迎风），湿度最低的是方案 5（单侧背风）。单侧背风的植被布局在冬季能创造最高的相对湿度，而在夏季相反，创造了最低的相对湿度。由图可知，冬季植被覆盖区域及周边会形成大片蓝色的低湿度区域，而夏季植被覆盖区域及周边则会形成大片红色的高湿度区域。

表3－18　不同植被分布方案平均相对湿度对比

方案	冬季相对湿度/%				夏季相对湿度/%			
	8：00	13：00	18：00	日间平均值	8：00	13：00	18：00	日间平均值
植被环绕	92.601	78.904	73.864	80.678	92.020	78.849	77.928	81.265
中心集中	92.716	79.196	73.986	80.871	91.919	79.092	78.058	81.451
植被分散	92.593	78.919	73.926	80.705	92.045	78.863	78.155	81.353
单侧迎风	92.592	78.992	73.940	80.713	91.934	79.535	78.342	81.761
单侧背风	92.835	79.227	73.969	80.916	91.977	78.434	77.499	80.922

图3－31　植被分布的5种方案13：00相对湿度分布图
(a) 冬季；(b) 夏季

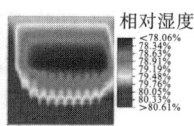

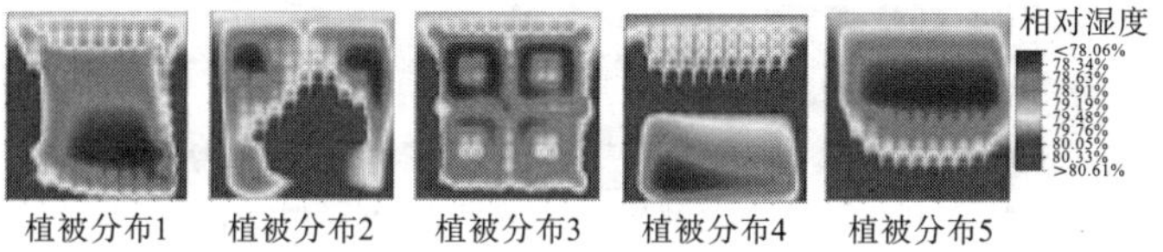

③风速：各方案的平均风速大小差异情况见表3－19，各方案风速大小的分布如图3－32所示。冬季平均风速最高的是方案5（单侧背风），最低的则是方案3（植被分散）；夏季平均风速最高和最低的方案与冬季相同。这是因为植被单侧背风使得区域内气流几乎未受阻挡，而分散的植被比起其他聚集的植被更能有效阻挡气流速度。一些学者在他们的研究中也提到了稀疏分散的树木比紧密集中的树木对风速的阻挡作用更大，在冬季推荐使用种植分散的树木。单侧分布的植被创造的低风速区域面积有限（蓝色区域），其他区域则多是红色高风速区域；而分散分布的布局则能够创造大面积的蓝绿色低风速区，几乎占据了整个林盘区域。

表 3-19　不同植被分布方案的平均风速对比

方案	冬季风速/(m/s)				夏季风速/(m/s)			
	8:00	13:00	18:00	日间平均值	8:00	13:00	18:00	日间平均值
植被环绕	0.629	0.615	0.593	0.609	0.650	0.643	0.619	0.634
中心集中	0.624	0.608	0.586	0.602	0.658	0.656	0.632	0.646
植被分散	0.621	0.605	0.578	0.598	0.596	0.577	0.539	0.568
单侧迎风	0.627	0.612	0.591	0.606	0.660	0.656	0.634	0.647
单侧背风	0.630	0.616	0.596	0.610	0.674	0.679	0.660	0.668

图 3-32　植被分布的 5 种方案 13:00 风速分布图
(a) 冬季；(b) 夏季

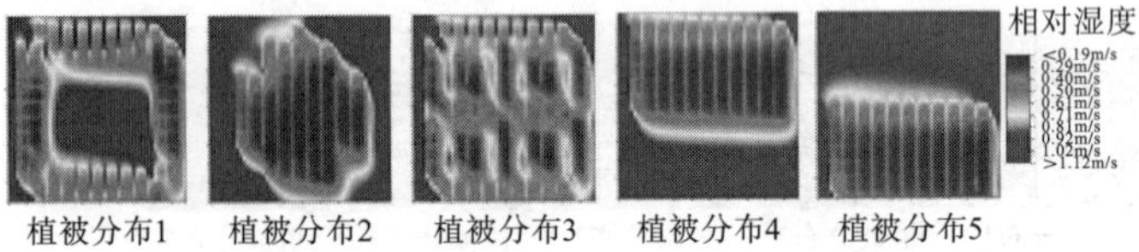

④平均辐射温度：各方案平均 MRT 大小差异情况见表 3-20，各方案 MRT 的分布如图 3-33 所示。冬季平均 MRT 的最大值存在于方案 4（单侧迎风），最小值存在于方案 3（植被分散）；夏季平均 MRT 的最大值存在于方案 5（单侧背风），最小值同样存在于方案 3（植被分散）。在冬季和夏季，植被覆盖区域都能提供大面积的低 MRT 区域（蓝绿色），这是植被的遮阴所致。植被的遮阴对太阳辐射产生了大量的遮挡，使得冬季和夏季 MRT 值都降低。这体现了植被在冬夏两季都存在的遮挡辐射和降温作用，说明植被覆盖在夏季容易创造较为舒适的热环境，但在冬季则可能会导致不适。

表 3-20　不同植被分布方案的平均 MRT 对比

方案	冬季 MRT/℃				夏季 MRT/℃			
	8:00	13:00	18:00	日间平均值	8:00	13:00	18:00	日间平均值
植被环绕	-5.170	25.273	1.732	15.4555	27.410	38.162	34.499	37.093
中心集中	-5.110	25.004	2.117	15.178	27.683	37.803	34.610	37.040
植被分散	-4.866	24.987	1.941	14.904	25.505	38.107	32.443	36.199
单侧迎风	-5.090	25.313	2.588	15.838	28.689	37.831	35.433	37.358
单侧背风	-5.093	24.841	1.868	15.161	28.728	37.797	35.496	37.371

(a)

(b)

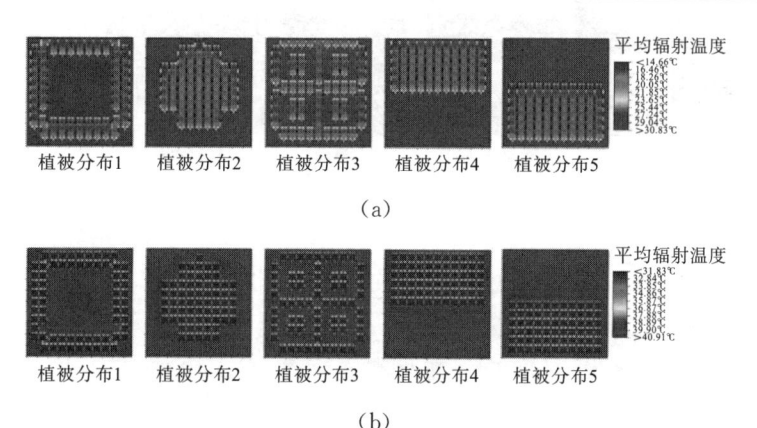

图 3-33　植被分布的 5 种方案 13:00 平均辐射温度分布图
(a) 冬季；(b) 夏季

(2) 植被覆盖。

①空气温度：各方案的平均空气温度大小差异情况见表 3-21，各方案空气温度的分布如图 3-34 所示。随着植被覆盖率从 25% 增长到 55%，可以明显看到冬季和夏季温度平均值呈现上升趋势，25% 植被覆盖率的空气温度最低，55% 植被覆盖率的空气温度最高。由图可知，植被覆盖区域产生了大片的红色高温滞留区域，植被覆盖率越高，红色高温区域就越大。整体来看，植被覆盖率越高，冬季和夏季的平均温度就越高。冬季各方案的温度变化小于夏季，植被覆盖率对夏季温度的影响大于冬季。

表 3-21　不同植被覆盖方案的平均温度对比

方案	冬季温度/℃				夏季温度/℃			
	8:00	13:00	18:00	日间平均值	8:00	13:00	18:00	日间平均值
25%覆盖	3.336	6.869	7.225	6.156	23.413	26.996	27.232	26.339
35%覆盖	3.343	6.905	7.224	6.180	23.487	27.039	27.235	26.384
45%覆盖	3.350	6.913	7.226	6.200	23.537	27.079	27.232	26.429
55%覆盖	3.359	6.940	7.227	6.220	23.603	27.115	27.252	26.472

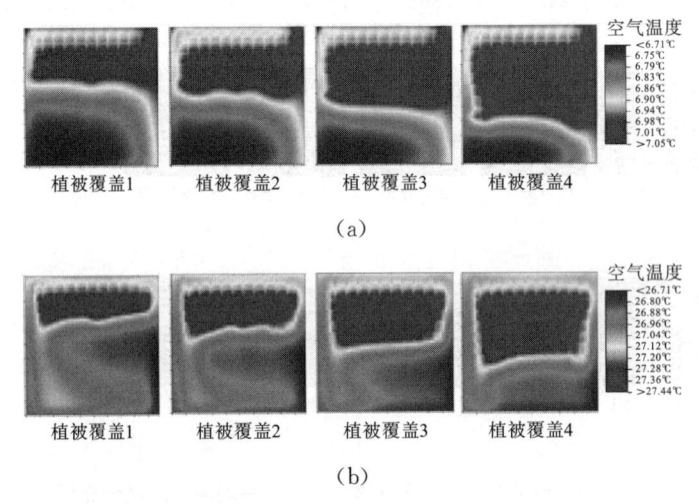

图 3-34　植被覆盖的 4 种方案 13:00 空气温度分布图
(a) 冬季；(b) 夏季

②相对湿度：各方案的平均相对湿度差异情况见表 3-22，各方案相对湿度的分布如图 3-35 所示。冬季平均相对湿度的大小排序为方案 1>方案 2>>方案 3>方案 4，夏季相反为方案 4>方案 3>方案 2>方案 1。整体来看，植被覆盖率越高，冬季相对湿度越低，夏季相对湿度越高。冬季植被覆盖能在区域中心创造出大片的蓝色低湿度区域，夏季则能创造出大片的红色高湿度区域。夏季相对湿度的变化比冬季大，植被覆盖率对夏季相对湿度的影响更明显。

表 3-22　不同植被覆盖方案的平均相对湿度对比

方案	冬季相对湿度/%				夏季相对湿度/%			
	8：00	13：00	18：00	日间平均值	8：00	13：00	18：00	日间平均值
25％覆盖	92.750	78.980	73.857	80.756	92.162	78.776	77.718	81.195
35％覆盖	92.675	78.998	73.888	80.731	92.064	79.152	78.052	81.490
45％覆盖	92.592	78.992	73.940	80.713	91.934	79.535	78.342	81.761
55％覆盖	92.561	78.996	73.967	80.687	91.824	79.899	78.620	82.010

(a)

(b)

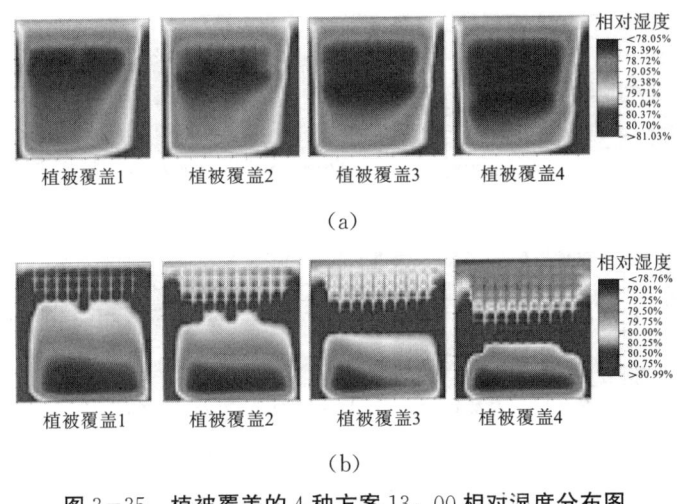

图 3-35　植被覆盖的 4 种方案 13：00 相对湿度分布图
(a) 冬季；(b) 夏季

③风速：各方案的平均风速差异情况见表 3-23，各方案风速的分布如图 3-36 所示。可以明显看出，无论在冬季还是夏季，随着植被覆盖率的增大，平均风速值呈现明显下降趋势。25％植被覆盖方案的风速值最大，55％植被覆盖方案的风速值最小。由图可知，植被覆盖区域创造了大面积的蓝色低风速区域，植被覆盖面积越大，蓝色低风速区域的面积也越大，这是树木对气流的阻挡所致。总体而言，植被覆盖率越高，越能够创造内部平均风速小的林盘，越有利于冬季的室外活动。

表 3-23　不同植被覆盖方案的平均风速对比

方案	冬季风速/(m/s)				夏季风速/(m/s)			
	8：00	13：00	18：00	日间平均值	8：00	13：00	18：00	日间平均值
25％覆盖	0.670	0.657	0.643	0.653	0.810	0.812	0.798	0.804
35％覆盖	0.648	0.634	0.617	0.629	0.737	0.735	0.717	0.726
45％覆盖	0.627	0.612	0.591	0.606	0.660	0.656	0.634	0.647
55％覆盖	0.605	0.588	0.565	0.582	0.585	0.577	0.551	0.568

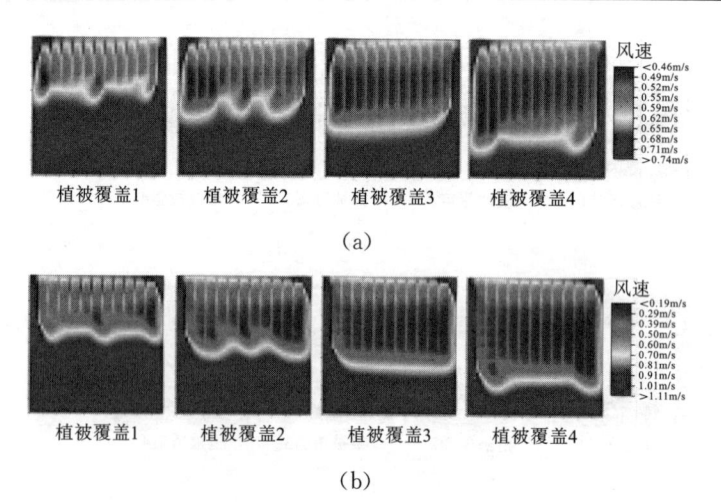

图 3-36　植被覆盖的 4 种方案 13：00 风速分布图
(a) 冬季；(b) 夏季

④平均辐射温度：各方案的平均 MRT 差异情况见表 3-24，各方案 MRT 的分布如图 3-37 所示。随着植被覆盖率的提高，冬季和夏季 MRT 值都呈现下降趋势，尤其是在夏季，下降趋势十分显著，远远超过冬季。25％植被覆盖的平均 MRT 最高，55％植被覆盖的平均 MRT 最低。植被覆盖率越高，树木遮阴形成的蓝绿色低 MRT 区域面积越大。总而言之，树木覆盖率越高，林盘内的平均 MRT 值就越小。

表 3-24 不同植被覆盖方案的平均 MRT 对比

方案	冬季 MRT/℃ 8：00	13：00	18：00	日间平均值	夏季 MRT/℃ 8：00	13：00	18：00	日间平均值
25％覆盖	-6.366	27.332	2.285	17.527	30.523	40.213	38.370	40.240
35％覆盖	-5.842	26.335	2.448	16.677	29.456	38.993	36.793	38.739
45％覆盖	-5.090	25.313	2.588	15.838	28.689	37.831	35.433	37.358
55％覆盖	-4.748	24.296	2.757	14.972	27.527	36.746	33.831	35.877

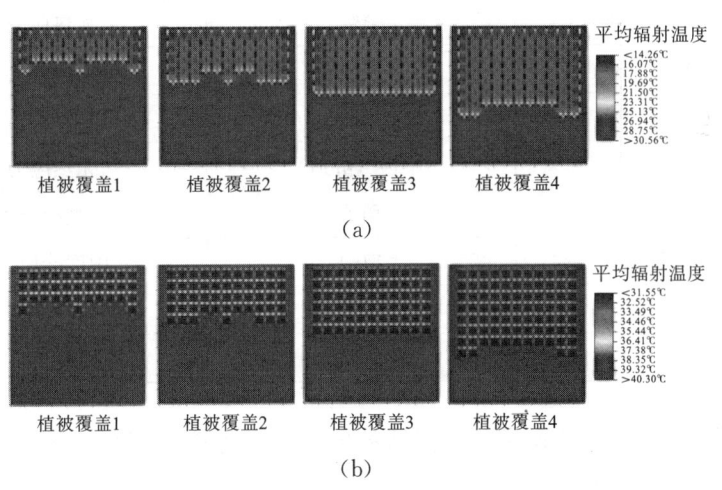

图 3-37 植被覆盖的 4 种方案 13：00 平均辐射温度分布图
(a) 冬季；(b) 夏季

计算生理等效温度（PET）所需的参数主要包括微气候模拟参数（空气温度、相对湿度、风速、辐射换热）和人体参数（服装热阻、人体代谢率），此指标对参数的考虑较为全面。不同于 PMV 从 -3 到 3 的 7 点积分标度结果，PET 的计算采用更直观的摄氏度作为结果单位。PET 评价指标综合适用于室内和室外条件，且 PET 已经被德国气象局正式使用于室外环境，在评估室外热舒适中运用十分广泛。本节选取了考虑因素较为全面、应用范围较为广泛的 PET 作为室外热舒适的评价指标，以研究川西林盘室外气候舒适性。在 ENVI-met 中，通过输入微气候模拟结果（空气温度、相对湿度、风速、平均辐射温度等气象参数）和相应的人体参数（服装热阻、人体代谢率），可以计算出整片区域每一个网格的相应 PET 值。将软件默认的代谢率值（模拟站立行走）和 0.9clo 标准的服装隔热输入 Bio-met 模块中。有学者在长沙市的研究中计算了适合夏热冬冷地区的修改 PET 指标等级,由于成都平原区域同样属于夏热冬冷地区,因此采用适用于夏热冬冷地区的修改 PET 作为热舒适评价指标。表 3-25 展示了适用于夏热冬冷地区的修改 PET 等级分类,当 PET 值在 15℃~22℃时,人体热感觉是最舒适的,此时的热应力等级为无热应力。在后续研究中,笔者将使用修改的 PET 等级进行热舒适评价。

表 3-25 适用于夏热冬冷地区的 PET 等级分类

PET/℃	热感觉	热应力等级
PET>46	非常热	极端热应力
38<PET≤46	热	强热应力
30<PET≤38	温暖	中度热应力
22<PET≤30	略暖	轻微热应力
15<PET≤22	中性(舒适)	无热应力
7<PET≤15	稍凉	轻微冷应力
-1<PET≤7	凉快	中度冷应力
-8<PET≤-1	冷	强冷应力
PET≤-8	非常冷	极冷应力

3.1.5 川西林盘空间要素对热舒适的影响及优化策略研究

本章探究了林盘的不同空间要素对室外热舒适的影响程度,根据冬季和夏季的室外热舒适值确立了一个评价林盘整体热舒适的指标,并确立了最佳的空间布局模式。在前一节中讨论了林盘内建筑数量、建筑分布、建筑形式、植被分布和植被覆盖5个因素对微气候因子(温度、相对湿度、风速等)的影响,发现一些因素在冬季和夏季对微气候的影响截然不同。如果要同时考察多个影响因素的共同作用并找到最适宜的冬季和夏季的空间要素构成则需要将所有因素组合起来。建筑数量、建筑分布、建筑形式、植被分布、植被覆盖因素的方案分别有 4 个、5 个、3 个、5 个和 4 个,如果要进行全面实验则需要模拟 4×5×3×5×4(=1200)种方案,耗时费力且不现实。本节引入了正交试验的方法,以提高实验效率。

3.1.5.1 正交试验

(1)正交试验简介。

正交试验是一种高效率的实验方法,主要体现在其可以找到有代表性的组合进行试验,是遗传算法中的一种特例。正交试验的目的在于确定试验因素的重要性及其对试验指标的影响程度、因素的最优组合、指标与因素间的定量关系等。正交试验的高效性主要是通过正交表来实现的。对于等水平的正交表来说，表中任一列不同数字出现的频次相同，表中任两列的同行有序数字组合出现的频次也相同，这体现了等水平正交表的正交性。图3-38展示了三因素（A、B、C）、三水平（1、2、3）的正交试验与全面试验和简单比较方法的对比。其中图（a）进行全面试验需要试验27次，如果因素和水平数变多，则试验次数会成倍增加；正交试验的优点在于试验点分布"整齐可比，均匀分散"，通过分析可以推导出不存在于正交表中的最佳方案设计，还能进一步分析出不同因素对结果的影响程度和趋势等。

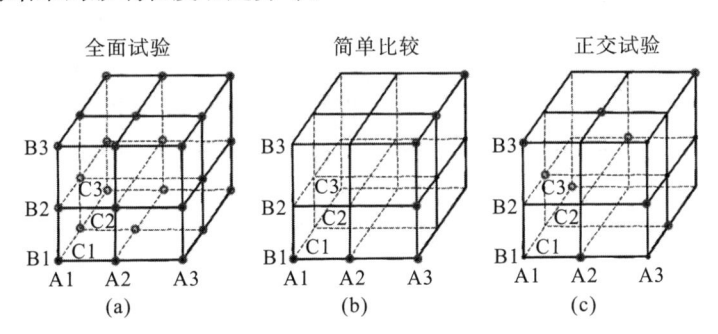

图3-38 三因素、三水平正交试验法与全面试验和简单比较的对比

正交试验的结果常用极差分析和方差分析两种方法进行分析。极差分析可以直观地分析试验结果，常用以确定因素中的最优水平，也可以确定因素水平变化对结果的影响大小，但极差分析法不能确定试验误差。方差分析可以确定试验指标的显著性，通过计算各因素的离差平方和、自由度、均方，对比误差得到因素的F值，F值与对应临界值差距越大，说明因素对试验结果的影响越显著。

（2）正交试验设计。

首先需要选取合适的正交表，考虑到试验因素中最多有5个水平，因此本节选取了L25（56）正交表，25是试验的次数，括号中5代表试验的水平数，6代表试验的因素数量。将建筑数量简写为BN，建筑分布简写为BD，建筑形式简写为BF，植被分布简写为VD，植被覆盖简写为VC，因素的水平则简写为数字，如BN1、BN2、BN3等。

图3-39展示了林盘空间构成要素的5类因素和各自的5种水平。正交表每行代表一个试验方案（scheme），简写为S，每列代表一个因素，列中的数字代表该因素的一个水平。表3-26展示了L25（56）正交表的25种设计工

况，将5种因素的简写 BN、BD、BF、VD 和 VC 分别填入正交表表头上，最右边的列为空列（e），用作误差列。

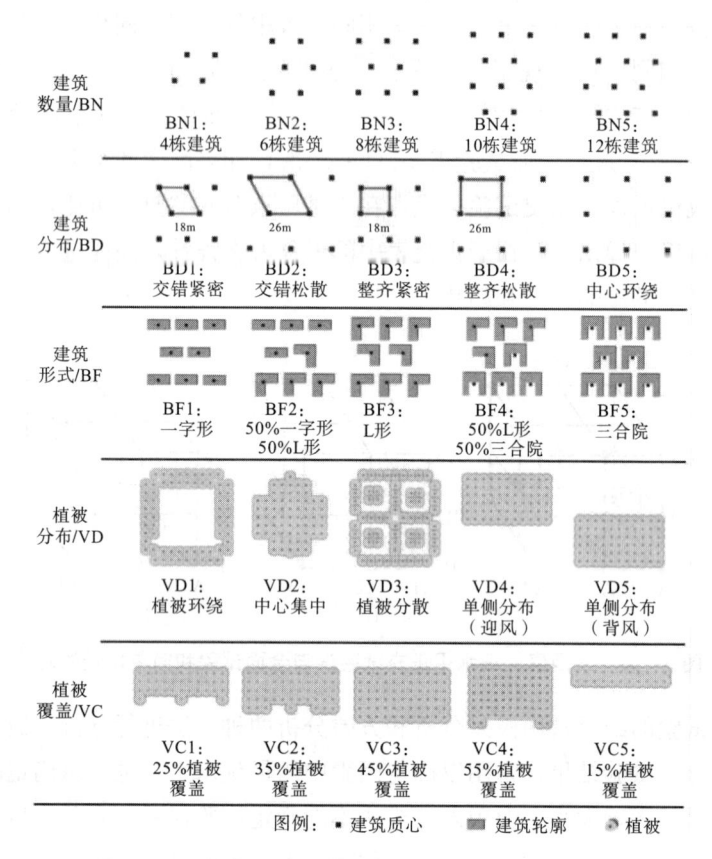

图 3-39　林盘空间要素因素以及各因素的 5 种水平

模拟的边界条件依旧选用了成都市冬季和夏季典型气象日的气象数据，模型的网格设置、3D植物、建筑高度和材质等皆与上一节的设置相同，不同的是本节各因素的排布根据正交表中各因素的水平设置来进行。模拟方案共25个，每个模型根据冬季和夏季典型气象日的气象条件各模拟一次，共模拟50次。每个模型模拟时间为24h，提取 8：00—18：00（11h）逐时的 PET 数据进行分析。

表3-26 L25（56）正交表实验设计工况表

试验号	BN	BD	BF	VD	VC	(e)	试验号	BN	BD	BF	VD	VC	(e)
S1	1	1	1	1	1	1	S14	3	4	1	3	5	2
S2	1	2	2	2	2	2	S15	3	5	2	4	1	3
S3	1	3	3	3	3	3	S16	4	1	4	2	5	3
S4	1	4	4	4	4	4	S17	4	2	5	3	1	4
S5	1	5	5	5	5	5	S18	4	3	1	4	2	5
S6	2	1	2	3	4	5	S19	4	4	2	5	3	1
S7	2	2	3	4	5	1	S20	4	5	3	1	4	2
S8	2	3	4	5	1	2	S21	5	1	5	4	3	2
S9	2	4	5	1	2	3	S22	5	2	1	5	4	3
S10	2	5	1	2	3	4	S23	5	3	2	1	5	4
S11	3	1	3	5	2	4	S24	5	4	3	2	1	5
S12	3	2	4	1	3	5	S25	5	5	4	3	2	1
S13	3	3	5	2	4	1							

3.1.5.2 空间因素对热舒适影响的显著性分析

将所有方案模拟完后，在软件Leonardo模块中提取冬夏两季PET，在该模块中可以提取每一个网格的PET值及模型主体区域PET的平均值。表3-27展示了冬季所有方案8:00—18:00时段的PET平均值变化情况，表3-28展示了夏季各方案的变化情况。这两张表的最右列设置了PET指标，设定为8:00—18:00每小时结果的平均值。冬夏两季白天的PET值随着时间先增长，在14:00—16:00达到极值后再逐渐降低，与一天中空气温度的变化趋势相似。冬季白天最低的平均dPET为2.18℃，最高平均PET值达到12.47℃；夏季白天最低的平均dPET为22.26℃，最高则为34.64℃。对比了同一时间里不同方案的平均dPET值变化情况，发现冬季最大温差出现在16:00，调整林盘空间构成使区域内的平均dPET变化了1.33℃；夏季最大温差同样出现在16:00，调整空间构成使区域平均PET变化了3.02℃，夏季温差高于冬季。冬季S14方案拥有最高的dPET值9.09℃，S6则拥有最低值8.35℃；夏季S14同样拥有最高的dPET值31.11℃，S21则拥有最低值28.91℃。以上数据说明了林盘空间构成的改变的确能有效提高或降低室外的热舒适值，但如何创造最适宜冬夏两季的室外热舒适需要通过方差和极差分析进一步研究。

表 3-27 冬季白天各方案逐时平均 PET 值变化

S	冬季各方案逐时平均 PET 值										
	8:00	9:00	10:00	11:00	12:00	13:00	14:00	15:00	16:00	17:00	18:00	dPET
S1	2.36	4.58	7.57	9.57	10.94	11.71	12.19	12.19	11.47	9.52	5.84	8.9
S2	2.42	4.65	7.4	9.34	10.66	11.4	11.81	11.79	11.05	9.33	5.98	8.71
S3	2.76	4.4	6.89	8.88	10.34	11.18	11.55	11.45	10.62	8.86	6.09	8.46
S4	2.79	4.76	7.1	8.94	10.2	11.14	11.41	11.33	10.62	9.1	6.25	8.51
S5	2.18	4.69	7.63	9.64	11.01	11.8	12.22	12.23	11.47	9.62	5.76	8.93
S6	29	445	6.76	8.73	10.16	1008	11.34	11.19	10.42	8.70	62	8.35
S7	229	4.69	7.66	9.79	11.05	1198	1234	1237	11.64	9.69	59	9.04
S8	244	4.55	727	926	10.63	11.46	11.77	11.73	11.02	927	5.87	8.66
S9	2.79	436	696	9.13	10.49	11.52	11.79	11.67	109	897	909	8.6
S10	2.75	456	7.11	91	10.49	11.28	11.62	11.55	10.83	91	6.18	8.6
S11	2.73	4.68	72	9.15	10.53	11.4	11.67	11.57	10.88	92	6.09	8.65
S12	3.09	4.47	6.75	8.85	1022	1126	11.48	11.31	10.55	8.79	628	8.46
S13	2.88	4.69	697	8.85	10.11	11.03	1131	1121	10.48	891	622	8.41
S14	239	4.65	7.7	981	11.18	1194	1243	1247	11.75	97	592	9.09
S15	252	4.88	7.67	9.69	1096	11.85	1225	1223	11.53	9.68	6.07	9.03
S16	233	4.72	7.66	9.7	11.06	1191	1222	122	11.47	9.62	5.84	898
S17	289	447	699	928	10.77	11.77	1197	11.81	10.99	897	6.15	8.73
S18	2.66	48	7.43	9.41	10.66	1153	119	11.88	11.21	9.45	6.14	8.82
S19	292	4.69	708	9.02	10.42	1126	11.56	11.48	10.77	9.09	6.18	859
S20	3.06	4.68	7.13	9	1027	1122	11.51	11.43	10.77	9.09	624	8.58
S21	298	4.83	704	8.84	1028	11.48	11.53	1128	10.51	899	628	8.55
S22	3.17	4.66	698	8.89	10.24	11.09	11.34	11.25	10.6	9.02	637	851
S23	2.64	4.42	72	952	10.87	11.84	1216	121	11.36	929	598	8.85
S24	2.79	449	724	95	1095	1186	1211	12.01	11.26	922	6.12	8.87
S25	3.02	4.53	7	9.19	10.71	11.7	1195	11.76	10.91	899	623	8.73

表 3-28 夏季白天各方案逐时平均 PET 值变化

S	夏季各方案逐时平均 PET 值										
	8:00	9:00	10:00	11:00	12:00	13:00	14:00	15:00	16:00	17:00	18:00	dPET
S1	23.53	27.38	30.03	31.28	31.40	31.49	32.46	33.56	34.03	33.08	30.24	30.77
S2	23.45	26.94	29.48	30.56	30.59	30.76	31.61	32.68	33.23	32.43	29.89	30.15
S3	22.58	25.79	28.72	30.16	30.30	30.69	31.43	32.17	32.30	31.11	28.35	29.42
S4	23.27	26.12	28.64	29.74	29.66	30.02	30.65	31.40	31.93	31.16	28.83	29.22
S5	23.83	27.69	30.19	31.46	31.45	31.41	32.52	33.88	34.48	33.59	30.90	31.04

续表3-28

S	夏季各方案逐时平均PET值											dPET
	8:00	9:00	10:00	11:00	12:00	13:00	14:00	15:00	16:00	17:00	18:00	
S6	23.65	27.74	30.26	31.45	31.37	31.35	32.37	33.83	34.40	33.51	30.59	30.96
S7	23.28	27.00	29.51	30.80	30.79	30.87	31.84	33.08	33.57	32.67	29.96	30.31
S8	22.45	26.01	28.90	30.39	30.49	30.80	31.66	32.54	32.74	31.46	28.57	29.64
S9	23.35	26.59	29.21	30.32	30.25	30.54	31.25	32.16	32.72	31.91	29.29	29.78
S10	23.29	26.82	29.27	30.50	30.51	30.67	31.54	32.59	33.05	32.23	29.58	30.00
S11	22.42	25.74	28.44	29.80	29.85	30.20	30.93	31.67	31.94	30.84	28.13	29.09
S12	22.92	25.85	28.33	29.44	29.41	29.73	30.49	31.33	31.83	31.02	28.64	29.00
S13	23.39	27.57	30.32	31.71	31.77	31.73	32.84	34.21	34.64	33.55	30.44	31.11
S14	23.62	27.37	29.84	31.01	31.00	31.06	32.06	33.27	33.77	32.90	30.14	30.55
S15	23.35	27.33	29.78	31.10	31.17	31.07	32.27	33.68	34.18	33.23	30.48	30.69
S16	22.26	25.89	28.90	30.62	30.78	30.97	32.00	33.02	33.05	31.54	28.60	29.78
S17	23.55	26.95	29.36	30.49	30.49	30.59	31.48	32.60	33.08	32.32	29.73	30.06
S18	23.35	26.61	29.03	30.16	30.08	30.30	31.09	32.10	32.67	31.93	29.39	29.70
S19	22.72	25.73	28.27	29.49	29.54	29.93	30.61	31.35	31.72	30.74	28.32	28.95
S20	22.62	25.56	27.91	29.38	29.61	29.96	30.75	31.56	31.62	30.66	28.34	28.91
S21	23.26	26.19	28.62	29.73	29.69	30.01	30.64	31.46	31.96	31.25	28.85	29.24
S22	22.75	27.00	29.79	31.36	31.56	31.47	32.58	33.90	34.07	32.83	29.54	30.62
S23	22.91	26.97	29.60	30.86	30.83	30.84	31.88	33.11	33.60	32.59	29.55	30.25
S24	22.48	25.93	28.82	30.37	30.53	30.75	31.70	32.68	32.83	31.51	28.64	29.66
S25	23.65	27.74	30.26	31.45	31.37	31.35	32.37	33.83	34.40	33.51	30.59	30.96

dPET：8:00—18:00各小时结果的平均值。

3.1.5.3 建筑对林盘室外热舒适的影响

(1) 建筑数量单因素分析。

本部分通过单因素分析，找出建筑三因素的最优布局。根据夏热冬冷地区的PET指标等级，冬季和夏季PET值越接近15℃～22℃则舒适度越高。从建筑数量的角度，计算了冬、夏不同时间点的5个水平的影响。图3-40显示了建筑数量水平对整体PET的影响，但只包括具有显著统计学意义的时段。冬季有4个具有显著意义的时间点，夏季则有9个。随着林盘建筑数量的增加，除9:00外，PET值总体呈上升趋势，最高的PET代表了最佳的冬季热舒适水平；在夏季随着建筑数量的增加，PET值总体呈下降趋势，最低的PET代表了最佳的夏季热舒适水平。无论冬季还是夏季，BN1、BN2（数量少的建筑）的热舒适最不利，而BN4、BN5（数量多的建筑）的热舒适最有利。根据冬夏两季最佳PET水平的频数，确定冬季和夏季建筑数量的最佳等级均为

BN5（12栋建筑）。增加建筑数量有助于提高冬季和夏季的热舒适，这可能是因为数量多的建筑在夏季提供了更多的遮阳面积，并有效地阻挡了冬季的寒风。冬季9：00的BN无明显规律性，可能是地面逐渐增温与建筑阴影降温共同作用的结果。BN5的PET在夏季12：00—14：00高于BN4，这可能是中午太阳高度高、阴影减少和建筑物阻碍通风所致。

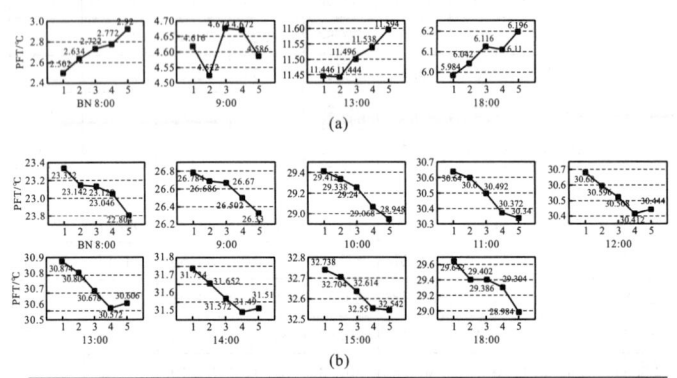

注释：BN1：4栋建筑　BN2：6栋建筑　BN3：8栋建筑　BN4：10栋建筑　BN5：12栋建筑

图3-40　显著统计学意义时间点建筑数量因素5个水平对PET的影响
（a）冬季；（b）夏季

（2）建筑分布单因素分析。

图3-41显示了具有显著统计学意义的时段里建筑分布水平对整体PET的影响，最高的PET代表了最佳的冬季热舒适水平。在建筑分布上，仅在冬季12：00—14：00有显著性。由图可知，在12：00—14：00期间，BD5（中心环绕）拥有最高的冬季PET值，而BD3（整齐紧密）的PET值最低。究其原因，可能是中心环绕式的建筑提供了更大的无阴影区域，让地面在中午能接收到更多的太阳辐射，从而使整个林盘区域温度升高；整齐紧密的中午PET值最低，原因可能是这类布局方式导致林盘中心具有较大的阴影面积，接收太阳辐射弱，且未能有效阻挡寒风。

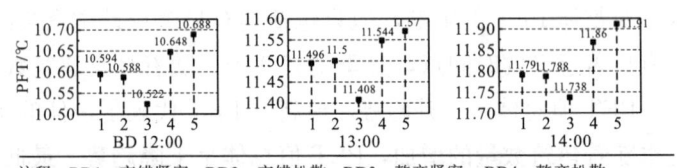

注释：BD1：交错紧密　BD2：交错松散　BD3：整齐紧密　BD4：整齐松散
BD5：中心环绕

图3-41　显著统计学意义的冬季时间点建筑分布因素5个水平对PET的影响

3 乡村聚落及民居研究案例

(3) 建筑形式单因素分析。

另一个与建筑密度密切相关的因素是建筑形式，其与建筑数量因素共同改变了建筑密度，从BF1（一字形）到BF5（三合院）水平，不仅建筑复杂度增加了，建筑的密度也随之上升。图3-42显示了具有显著统计学意义的时段里建筑形式水平对整体PET的影响，在冬季有3个具有显著意义的时间点，夏季则有11个，最高的PET代表了最佳的冬季热舒适水平，最低的PET则代表了最佳夏季热舒适。由图可知，随着建筑复杂性的增加（从BF1到BF5），PET在冬季和夏季总体都呈下降趋势，BF1的PET值是最高的，BF5在多数时间点的PET值最低。因此，冬季最佳建筑形式为BF1（一字形），夏季最佳建筑形式为BF5（三合院）。增加建筑数量和复杂度都增加了林盘建筑的密度，但我们发现增加建筑数量可以在冬季创造更好的热舒适，而夏季则相反。夏季从BF1到BF5降低PET的原因与增加建筑数量一致，大的建筑密度使得区域内阴影面积更大，有助于降温；而在冬季阴影也降低了地面温度，但阻挡寒风的效果不如增加建筑数量明显。有学者在城市住区的研究中也证明了密集的低层建筑布局有利于日间降温，我们也发现了类似的结果。总体而言，改变建筑形式对室外热舒适有较大影响，从一字形建筑到三合院建筑PET逐步下降，对夏季有利但冬季则相反，建筑形式在夏季的影响也大于冬季。

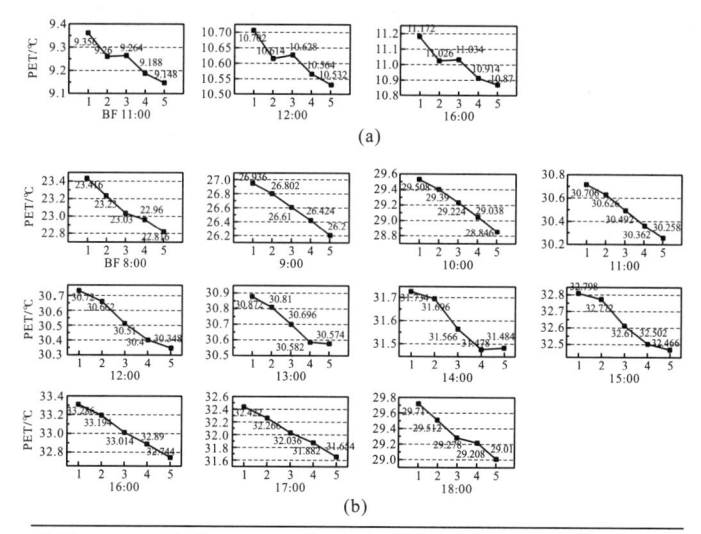

注释：BF1：一字形　BF2：50%一字形，50%L形　BF3：L形　BF4：50%L形，50%三合院　BF5：三合院

图3-42　显著统计学意义时间点建筑形式因素5个水平对PET的影响
(a) 冬季；(b) 夏季

3.1.5.4 植被对林盘室外热舒适的影响

(1)植被分布单因素分析。

图3-43显示了具有显著统计学意义的时段里植被分布水平对整体PET的影响，在冬季有6个具有显著意义的时间点，夏季则有8个，最高PET代表了最佳的冬季热舒适水平，最低PET则代表最佳夏季热舒适。冬季8：00，VD3（植被分散）拥有最高的PET值，最有利于热舒适；VD4（单侧迎风）在冬季9：00、11：00、13：00、14：00和17：00的PET值最高。根据频数，确定冬季最佳植被分布为VD4（单侧迎风），可能是由于迎风植被在冬季除阻挡冷风外，还能为林盘的中心提供更宽大的太阳辐射面积，使得此布置下林盘具有较高的PET。夏季，VD3（植被分散）在8：00—9：00和17：00—18：00拥有最低热舒适，最有利于降温，但12：00—15：00相反；VD4（单侧迎风）仅在12：00、14：00和15：00拥有最低PET值。根据夏季最佳PET水平频数，确定夏季最佳植被分布为VD3（植被分散），其次是VD4（单侧迎风）。植被分散在夏季创造更有利于热舒适的原因可能是分散的植被创造了更多没有重合的阴影面积，使区域温度降低，但夏季植被分散使得正午风速减小，热量更难带走，树木周围形成了更多的热区。其他学者也提到树木分散降低了风速。单侧迎风布局的植被在冬季更有利于创造小规模区域的热舒适，夏季情况比较复杂，但分散植被创造了时间更长的热舒适。

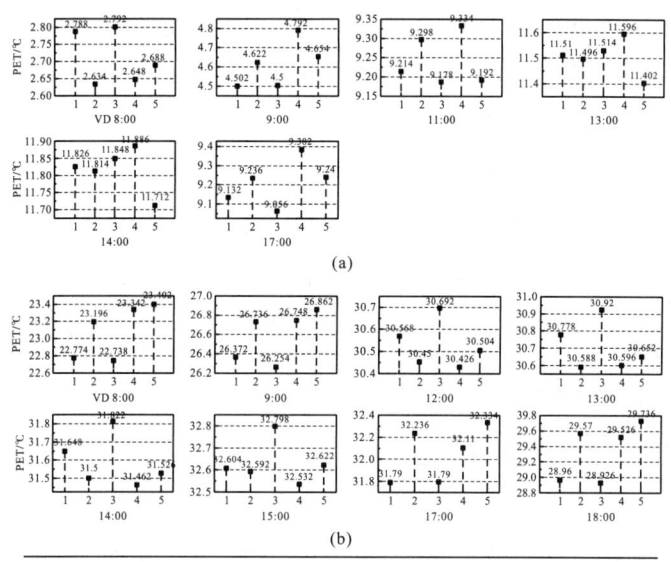

注释：VD1：植被环绕　VD2：中心集中　VD3：植被分散　VD4：单侧分布（迎风）
VD5：单侧分布（背风）

图3-43 显著统计学意义时间点植被分布因素5个水平对PET的影响
(a)冬季；(b)夏季

(2) 植被覆盖单因素分析。

图3-44显示了具有显著统计学意义的时段里植被覆盖度水平对整体PET的影响。冬季有10个具有显著意义的时间点，夏季有11个，最高的PET代表了最佳的冬季热舒适水平，最低的PET代表了最佳夏季热舒适。植被覆盖度是最具有显著性的因素，冬夏两季此因素几乎在所有时间都对PET产生显著影响。由图可知，随着植被覆盖度的增加（从15%增加到55%），PET仅在冬季8：00和18：00呈上升趋势，10：00—17：00大多数时段里呈下降趋势。根据冬季最佳PET水平的频数，最佳的植被覆盖度水平为VC5（15%植被覆盖度）。究其原因，8：00和18：00时太阳辐射强度影响不大，植被覆盖度越高，越能阻挡冬季寒风，因此在早晨和傍晚高覆盖度植被能提升冬季热舒适。然而，随着太阳辐射的增强，高密度植被在区域内产生了更多阴影，地面太阳辐射的吸收减少，因此低植被覆盖度更能创造冬季的热舒适。在夏季，除了在8：00时VC对热舒适没有明显规律外，在9：00—18：00，随着植被覆盖度的增加（从15%增加到55%），PET值呈现明显下降趋势。根据夏季最佳PET水平的频数，最佳的植被覆盖度水平为VC4（55%植被覆盖度）。夏季8：00没有明显规律的原因可能是此时太阳辐射不够强，地面及空气温度不够高，因此导致8点的PET值的变化趋势不明显。有学者在研究中也提到了

树木在较热的天气里有更好的降温效果，若气温没有足够热，则会降低树木的降温效果。总而言之，在冬季低植被覆盖度更有利于创造室外热舒适，而在夏季高植被覆盖度更有利于创造室外热舒适。

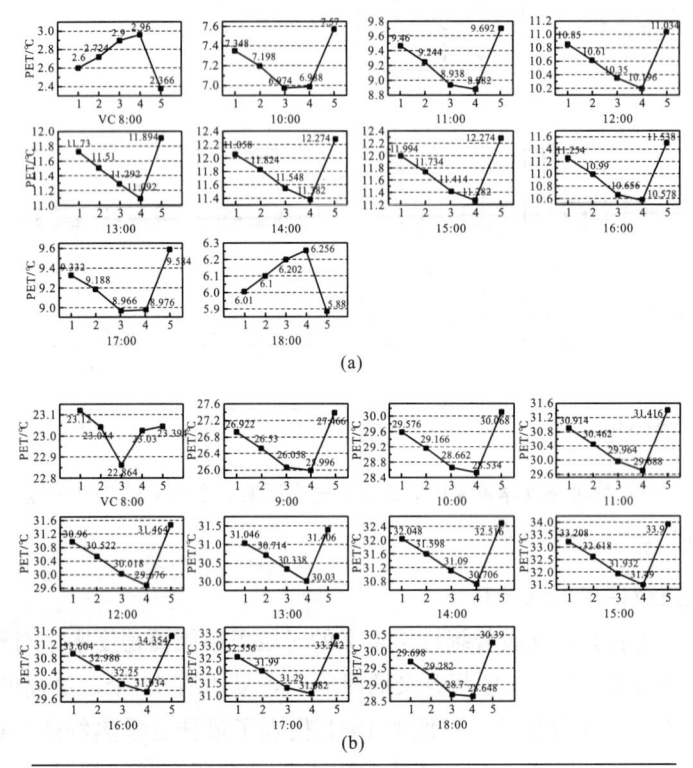

注释：VC1：25%植被覆盖　VC2：35%植被覆盖　VC3：45%植被覆盖
VC4：55%植被覆盖　VC5：15%植被覆盖

图3-44　显著统计学意义时间点植被覆盖因素5个水平对PET的影响
(a) 冬季；(b) 夏季

3.1.5.5　最优热舒适方案设计

(1) 冬季、夏季热舒适优化模型。

在本节中笔者综合了冬季和夏季的PET值，得到了最适合林盘的空间布置方案。由于白天11个小时的PET数值一直在变化，本节将白天PET的平均值—dPET‖作为当天的热舒适衡量指标，各方案的dPET值见表3-27、表3-28。查阅dPET的显著性，结果显示冬季BF（建筑形式）和VC（植被覆盖）因素对dPET有显著影响，而夏季BN（建筑数量）、BF（建筑形式）和VC（植被覆盖）因素对dPET有显著影响。图3-45显示了冬季和夏季有显著性的因素对dPET的影响。

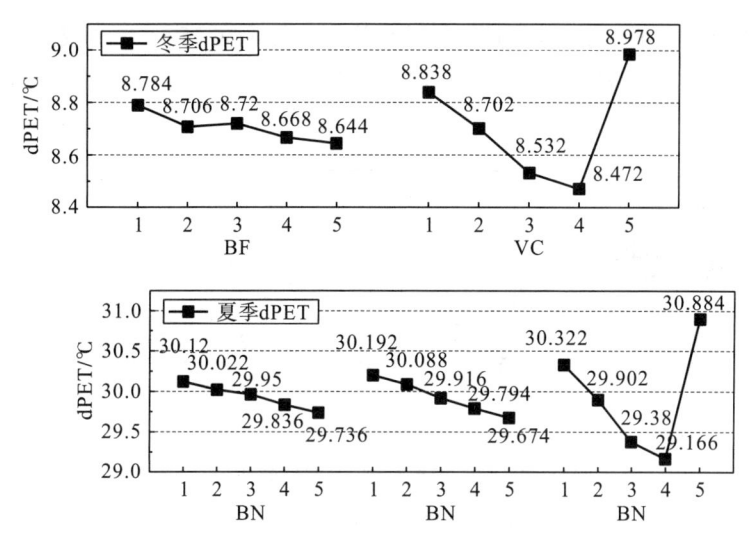

图 3-45 具有显著性的各因素 5 个水平对 dPET 的影响
(a) 冬季；(b) 夏季

从图可知，在冬季 BF1（一字形建筑）和 VC5（15%植被覆盖率）为最佳水平，在夏季 BN5（12 栋建筑）、BF5（三合院）和 VC4（55%植被覆盖率）为最佳水平。

在冬季，BN、BD、VD 因素对 dPET 的影响不显著，但根据图 3-40、图 3-42、图 3-43 所示的冬季高频最佳水平结果，将 BN5、BD5、VD4 作为最佳水平。因此，冬季适合林盘的最佳方案为：BN5（12 栋建筑）、BD5（中心环绕）、BF1（一字形建筑）、VD4（单侧迎风）、VC5（15%植被覆盖率），确定该方案为方案 26（S26）。同样在夏季，确定适合林盘的最佳方案为：BN5（12 栋建筑）、BD5（中心环绕）、BF5（三合院）、VD3（植被分散）、VC4（55%植被覆盖率），将建筑分布因素设为 BD5 与冬季相同，该方案为方案 27（S27）。通过对方案 26 和方案 27 的模拟，可以预期方案 26 在冬季比方案 1~25 有更舒适的 PET 值，方案 27 在夏季具有更舒适的 PET 值。

图 3-46 展示了方案 26 的模型与模拟结果，与表 3-27 中方案 1~25 做对比，可以看到方案 26 在冬季大部分时间点都拥有最高的 PET 值，且 dPET 值也是所有方案中最高的（9.29℃），与预期结果相符合。图 3-47 展示了方案 26 从 8：00 到 18：00 共 11 个小时的 PET 分布（行人高度处）。见图可知，在白天逐渐升温的过程中，建筑物背风区域为整个林盘空间提供了大片红色的高 PET 区域，而建筑和植被的阴影则提供了蓝色或绿色的低 PET 区域，这也印证了 5.3 节~5.4 节的设想。此外，笔者计算了 8：00—18：00 不同时间的

PET分布图中最大PET与最小PET之间的差值，发现在15：00区域内拥有最大的PET差值，相差达到14.56℃。以上说明了方案26在冬季具有最优异的热舒适水平。

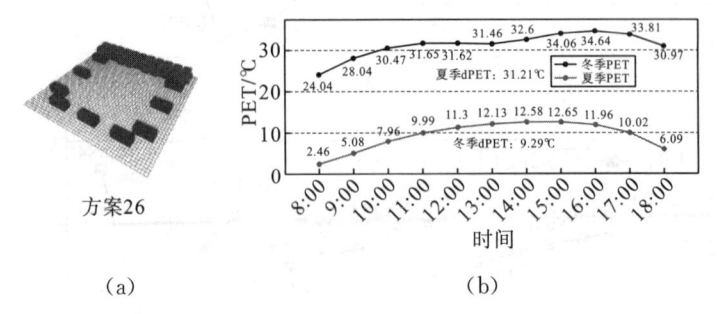

(a)　　　　　　　　　　　　(b)

图3-46　方案26模型与PET模拟结果

（a）方案26模型；（b）方案26冬夏两季各时间点PET模拟结果

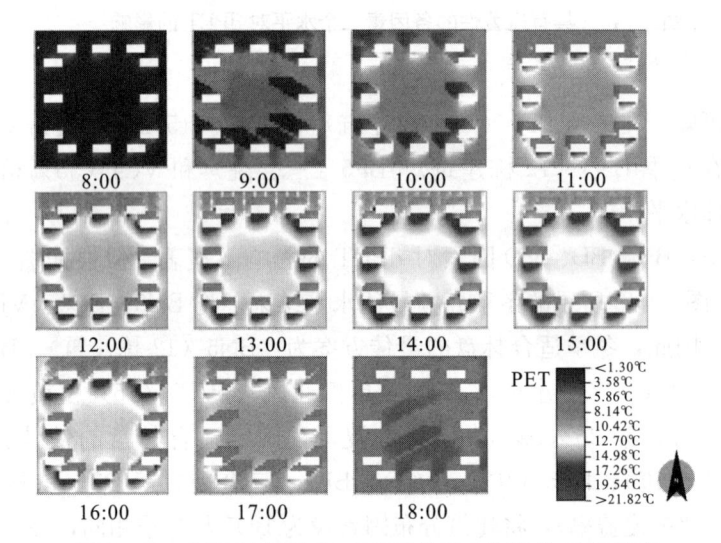

图3-47　方案26冬季11个小时的行人高度处PET分布

图3-48展示了方案27的模型与模拟结果，与表3-28中的方案1~25做对比，可以看到方案27在夏季大部分时间点都拥有较低的PET值，且dPET值也是所有方案中最低的（28.8℃），与预期结果相符合。图3-49展示了方案27从8：00到18：00共11个小时的PET分布（行人高度处）。树木的遮阴为林盘内部提供了大片的低PET区域（蓝色或绿色区域），而建筑的遮阴与树木相比变得不明显。计算了8：00到18：00不同时间的PET分布图中最大PET与最小PET之间的差值，发现在16：00区域内拥有最大的PET差值，达17.52℃。以上说明了方案27在夏季具有最优异的热舒适水平。

3 乡村聚落及民居研究案例

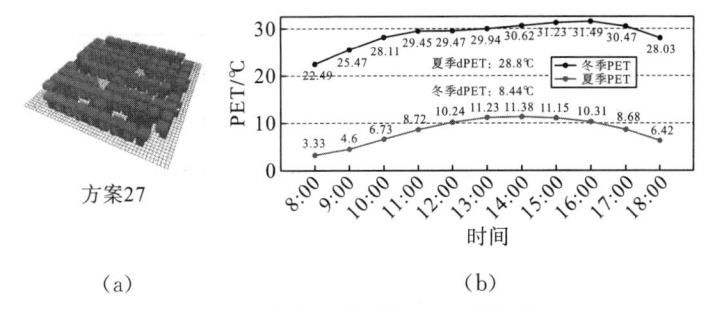

(a) 　　　　　　　　　　　　(b)

图 3-48　方案 27 模型与 PET 模拟结果

(a) 方案 27 模型；(b) 方案 27 冬夏两季各时间点 PET 模拟结果

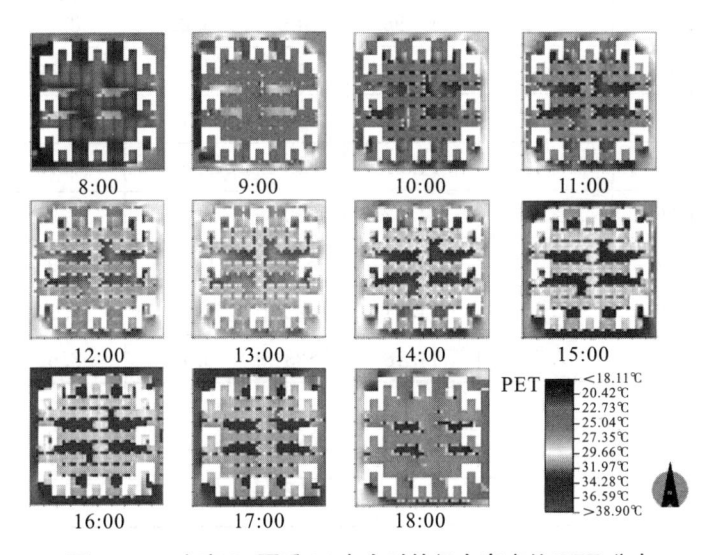

图 3-49　方案 27 夏季 11 个小时的行人高度处 PET 分布

(2) 兼顾两季的热舒适优化模型。

在前面几节里，通常冬季越高的 PET 值代表了越优异的实验方案，夏季则相反，但需要对两个季节进行综合分析以寻优。例如，在冬季高植被覆盖度不利于热舒适，但夏季却有利于热舒适。为了找到最优方案，整合冬夏两季水平，本研究制定了新的指标进行研究。根据表 3-25，可知夏热冬暖地区 PET 在 15℃~22℃ 为中性（舒适）范围，本研究将夏季 dPET 与 22℃ 的差值设为 ΔdPET$_S$，冬季 dPET 与 15℃ 的差值设为 ΔdPET$_W$。以 －ΔPET‖ 值作为 ΔdPET$_W$ 和 ΔdPET$_S$ 的总和，作为判断最优解的指标。ΔdPET$_S$ 与 ΔdPET$_W$ 以及 ΔPET 的计算如下所示：

$$\Delta dPET_S = dPET - 22(℃)$$
$$\Delta dPET_W = 15 - dPET(℃)$$

$$\Delta PET = \Delta dPET_W + \Delta dPET_S (℃)$$

某个方案的 ΔPET 值越小，说明此方案的 dPET 值与舒适区间的差距越小，那么这个方案就越优异。各方案的相关值见表 3-29。

表 3-29　各方案的 ΔPET 以及相关值对比

方案	$\Delta dPET_W$（℃）	$\Delta dPET_S$（℃）	ΔPET（℃）	方案	$\Delta dPET_W$（℃）	$\Delta dPET_S$（℃）	ΔPET（℃）
S1	6.10	8.77	14.87	S14	5.91	9.11	15.02
S2	6.29	8.15	14.44	S15	5.97	8.55	14.52
S3	6.54	7.42	13.96	S16	6.02	8.69	14.71
S4	6.49	7.22	13.71	S17	6.27	7.78	14.05
S5	6.07	9.04	15.11	S18	6.18	8.06	14.24
S6	6.65	7.42	14.07	S19	6.41	7.70	14.11
S7	5.96	8.96	14.92	S20	6.42	6.95	13.37
S8	6.34	8.31	14.65	S21	6.45	6.91	13.36
S9	6.40	7.64	14.04	S22	6.49	7.24	13.73
S10	6.40	7.78	14.18	S23	6.15	8.62	14.77
S11	6.35	8.00	14.35	S24	6.13	8.25	14.38
S12	6.54	7.09	13.63	S25	6.27	7.66	13.93
S13	6.59	7.00	13.59				

本节将 ΔPET 作为新的结果再进行方差分析和单因素分析。表 3-30 为 ΔPET 的方差分析结果，除 BD 因素外，其他因素均有显著影响。影响的排序为：VC（植被覆盖度）>BN（建筑数量）>BF（建筑形态）>VD（植被分布）。图 3-50 显示了各种因素和水平对 ΔPET 的影响。最优水平（ΔPET 值最小）为 BN5（12 栋建筑）、BF5（三合院建筑）、VD1（中心环绕）和 VC4（55%植被覆盖度）。对于 BD 因素，虽然不显著，但根据图 3-41 所示的最佳高频水平，将 BD5（建筑中心环绕）加入其中，确定此方案为方案 28（S28）。图 3-51 为方案 28 在冬夏两季的逐时模拟结果。方案 28 的 dPET 值在夏季热舒适中与其他 25 种方案对比排第 3 位（28.98 ℃），比最末位的低 2.13 ℃，冬季则排行中间第 13 位（8.69 ℃），比最末位的高 0.34 ℃，且此方案的 ΔPET 值是所有方案中最低的。

表 3-30 ΔPET 方差分析结果

	BN	BD	BF	VD	VC
F 值	11.266	—	10.744	4.256	96.705
显著性	高度显著	没有显著性	高度显著	显著	高度显著

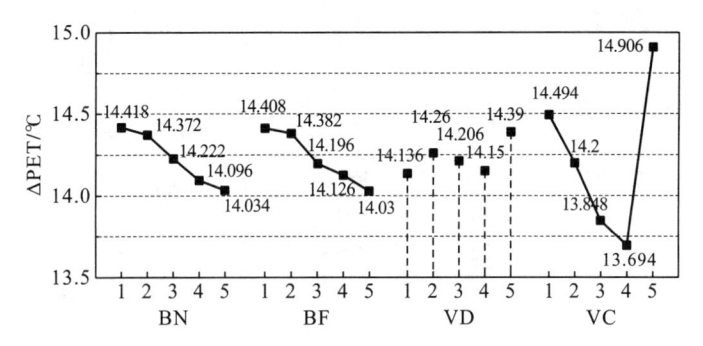

图 3-50 具有显著性的各因素 5 个水平对 ΔPET 的影响

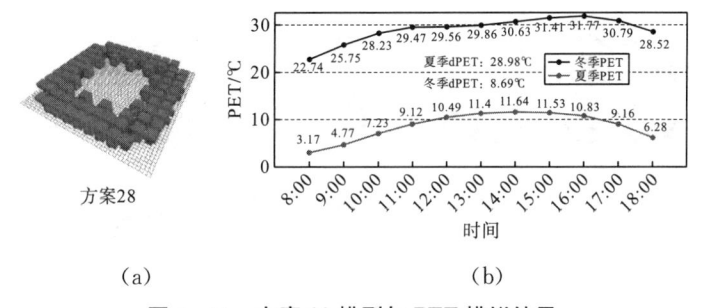

方案 28

(a) (b)

图 3-51 方案 28 模型与 PET 模拟结果

(a) 方案 28 模型；(b) 方案 28 冬夏两季各时间点 PET 模拟结果

图 3-52 展示了方案 28 冬季 11 个小时的 PET 分布（行人高度处），随着白天气温的升高，林盘中心能接收到充足的太阳辐射，建筑背风处也出现高 PET 区域（红色或橙色），近似于方案 26 的 PET 分布。在 13：00 时，最大 PET 差值达到 14.49℃。图 3-53 展示了方案 28 夏季 11 个小时的 PET 分布（行人高度处），由图可知，随着白天气温升高，树木遮阴有效地缓解了高温的蔓延，在建筑附近的区域产生了许多低 PET 的区域（蓝色或绿色），且方案 28 高 PET 区域（红色区域）仅在 16：00 左右分布于林盘中心区域。在 16：00 时，最大的 PET 差值达到 14.26℃。这种安排对冬季和夏季都有好处，冬季能提供充足的太阳辐射，夏季能提供充足的阴影面积。综上所述，本节确定将方案 28（空间构成为：12 栋建筑、建筑中心环绕、三合院建筑、植被中心环绕、55% 植被覆盖率）作

为兼顾冬夏两季热舒适的最佳设计方案。

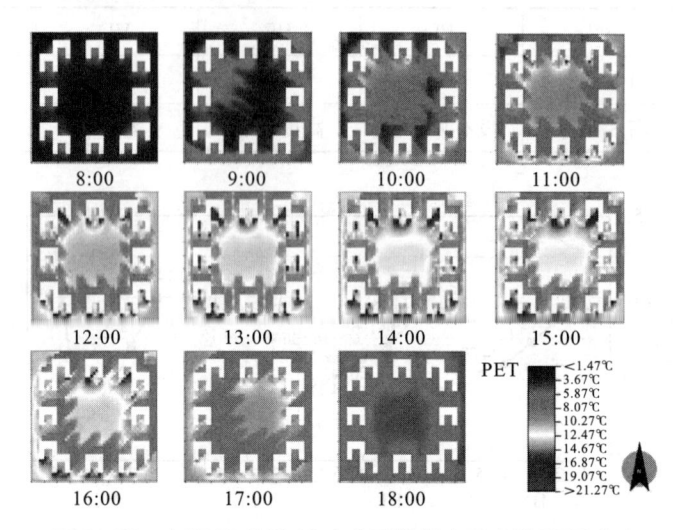

图 3-52　方案 28 冬季 11 个小时的行人高度处 PET 分布

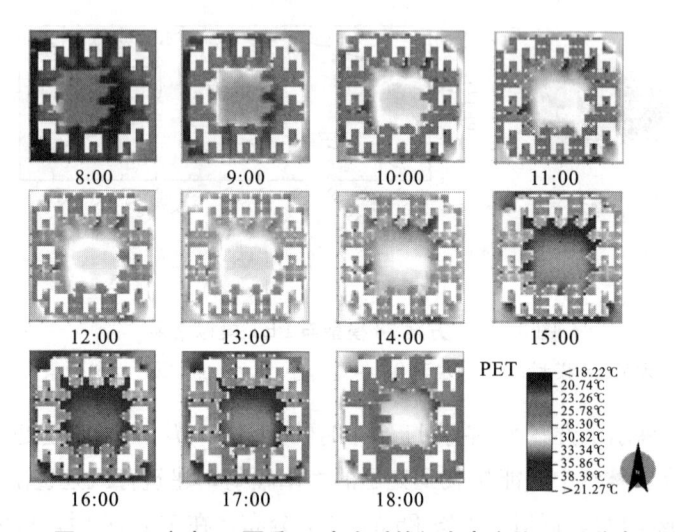

图 3-53　方案 28 夏季 11 个小时的行人高度处 PET 分布

（3）优化设计策略总结。

本节综合了冬夏两季的 PET 值后，得出 12 栋数量多的建筑，中心环绕的建筑布局，三合院式复杂的建筑形态，中心环绕式的植被分布方式以及 55% 的高植被覆盖率是最适合于林盘冬夏两季的布置方式。

①建筑方面，数量多的建筑对冬夏两季热舒适都有益处，林盘建筑密度随时间扩建与生长会使林盘的内部具有更佳的热舒适。在建筑之间保持足够的距

离，有利于冬季地面接收太阳辐射，从而提升整体热舒适。过于整齐且紧密的建筑对冬季室外热舒适有不利的影响，宽松的建筑排布有利于室外的热舒适以及居民活动。三合院建筑形式比起一字形建筑能创造更多的建筑阴影，有助于夏季降温，冬季的影响则不大。以上建议如图 3-54 所示。

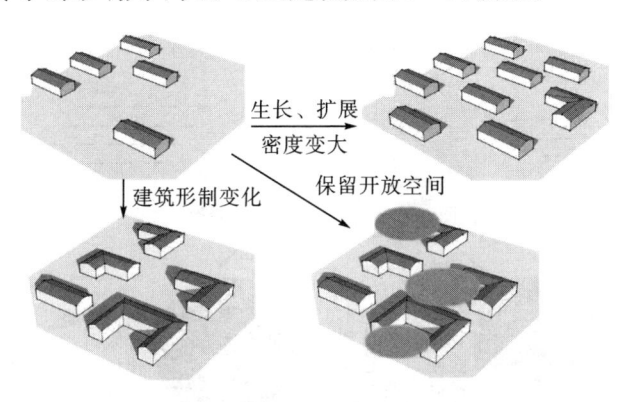

图 3-54　建筑方面布局改善建议

②植被方面，植被遮阳是夏季降温的最有利途径，植被覆盖面积越高，降温效果越好。虽然植被会导致冬季地面接收太阳辐射变少，但只要采取了合适的植被布局方式，就能使冬季依然能够接收足够多的太阳辐射，且能阻挡冬季寒风。冬季单侧迎风的植被布局最有利，在夏季最有利的是分散布局，本节推荐采用中心包围环绕式的植被布局，或环绕植被与单侧迎风、植被分散相结合，避免植被在中心或南侧聚集，如图 3-55 所示。

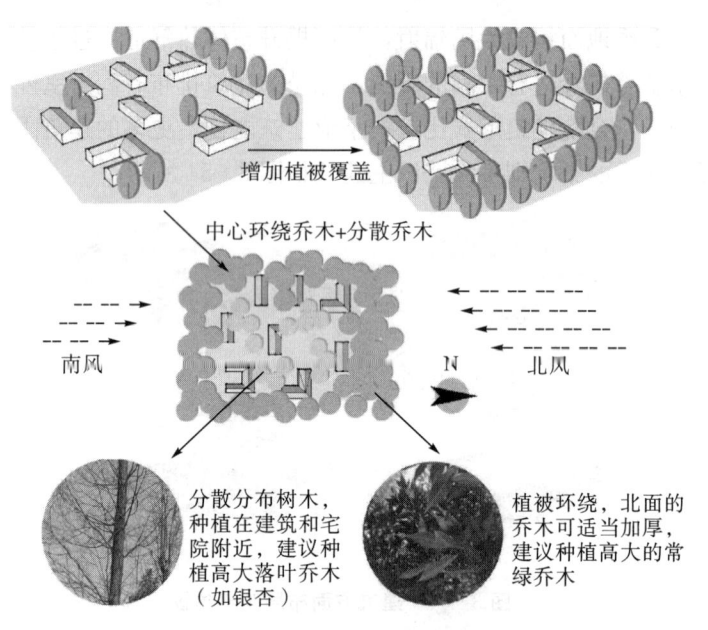

图 3-55　植被方面布局改善建议

从林盘整体上来看，本节推荐多数量建筑、三合院建筑形式、包围式植被分布以及高植被覆盖度的空间构成组合。本节仅从微气候和热舒适层面上对川西林盘的修建提出指导或参考，但林盘的具体修建还需要考虑到经济、文化和家庭方面的因素。如今约有 20 万个林盘分布在成都平原广大的乡村地区，许多林盘面临着修复和重建，笔者希望能为林盘发挥其最大的生态价值提供建议，不仅希望能为川西林盘的新建、改造或修复提供指导，也希望能为类似聚落结构的修复提供借鉴，为乡村振兴做出贡献。

3.1.6　结论与展望

本节利用 GIS 软件对 1194 个林盘进行了分类统计，根据统计结果建立了林盘模型，利用 ENVI-met 软件对林盘微气候进行分析，并利用正交试验对 25 种不同的林盘空间形态进行 PET 热舒适模拟，探索冬季和夏季林盘最舒适的布局。

3.1.6.1　林盘空间特征相应结论

林盘主体面积跨越较大，但面积较小的林盘数量占据了绝大多数，团状林盘数量最多，占比最大。建筑方面，林盘内建筑平均密度为 18%，密度 10%～20% 的最多，一字形建筑数量最多。林盘内建筑质心间的平均最近邻距离为 18.2m，建筑朝向无明显规律，但南偏西、正南、南偏东朝向较多。植被方面，植被覆盖率在 50%～60% 区间内的林盘数量最多，单侧分布的植被数量最多,其次依次是植被分散布置、中心布置、环绕布置的林盘。

3.1.6.2 林盘微气候与热舒适相应结论

(1) 建筑数量增多会使林盘内的平均空气温度、相对湿度在冬夏两季发生相反的变化趋势,但都会使得平均风速、太阳辐射温度降低。紧密的建筑分布会降低室外平均温度,提高相对湿度、风速和平均辐射温度,松散的建筑分布则正好相反。建筑形式从一字形到三合院,冬季的平均空气温度升高,夏季则降低,冬季相对湿度会下降,夏季则上升。无论冬季还是夏季,一字形建筑都是风速和平均辐射温度最高的方案。

(2) 冬季植被分散布置的室外平均温度最高,单侧背风最低,夏季单侧背风平均温度最高,植被中心集中则最低,整体对温度影响不大;冬季单侧背风相对湿度最高,植被环绕最低,夏季单侧迎风相对湿度最高,单侧背风湿度最低;无论冬季还是夏季,单侧背风平均风速最高,植被分散风速最低;冬季单侧迎风平均辐射温度最高,植被分散最低,夏季单侧背风最高,植被分散最低。随着植被覆盖率增大,冬夏两季空气温度、平均辐射温度上升,风速下降,相对湿度在冬季下降、夏季上升。

(3) 不同季节、不同时间点,各因素对热舒适的影响也不同。冬季主要影响因素排序为:植被覆盖(高度显著)>建筑形式(显著);夏季影响顺序为:植被覆盖(高度显著)>建筑形式(高度显著)>建筑数量(显著)。整体影响因素为:植被覆盖(高度显著)>建筑数量(高度显著)>建筑形式(高度显著)>植被分布(显著)。

(4) 最适宜林盘冬季的空间布置方案为:多数量的建筑、中心环绕建筑分布、一字形建筑形式、单侧迎风植被分布、低植被覆盖度,可使冬季林盘内的平均 PET 相比较差方案升高 1.33℃,区域内最大 PET 差值可达 14.56℃;最适宜林盘夏季的方案则为:多数量的建筑、三合院建筑、植被分散分布、多植被覆盖度,可使夏季林盘内平均 PET 下降 3.02℃,林盘内最大 PET 差值可达 17.52℃。冬夏两季最佳平衡方案为:多数量的建筑、中心环绕建筑分布、三合院建筑形式、中心环绕植被分布和多植被覆盖度。

(5) 为建筑和植被布置提供了建议,包括增大建筑密度,加宽建筑间距,扩大开放空间;在林盘外围多种植高大常绿乔木(如香樟、楠树等),加厚北侧树木面积,减薄南侧树木面积,在林盘内分散种植高大落叶乔木等(如银杏、落羽杉等)。

3.2 川西北藏式民居室内热环境优化研究案例

3.2.1 藏式传统村落概述

3.2.1.1 村落现状

四洼乡，因境内有座名叫四依墨洼的神山而得名（藏文译义：门户多，喻指人丁兴旺）。四洼乡位于四川省川西北高原，隶属四川省阿坝藏族羌族自治州阿坝县，东与龙藏乡相邻，南连河支乡，北接求吉玛乡，行政区域面积197.11平方千米。截至2019年年底，四洼乡户籍人口为3007人，以藏族为主要居住人口。

3.2.1.2 地理环境

四洼乡位于甘孜藏族自治州及阿坝藏族羌族自治州境内的川西北高原，作为四川省地势最高的地区，大部分区域海拔在3000m以上，属三大藏区中的安多藏区。

四洼乡地处高原山地与高原山峦之间，地势北高南低。地形以山地为主。从大环境上来看，地区处于严寒、寒冷的热工设计分区，其气候条件为高寒气候，冬季严寒绵长，夏季温凉，而四洼乡属高原寒温带半湿润季风气候，其特点是长冬无夏，春秋相连，霜冻时期漫长，干雨季节分明。

3.2.1.3 建筑风貌

安多藏区民居多依河流而建，河谷昼夜温差大，且由于川西北安多藏区多为草原藏区，土多石少，村民就地取材修建房屋，形成了"土碉房"的建筑形式，夯土为墙，架木为梁，梁架直接搭设于土墙之上，不设置边柱。土碉房的建筑主体一般为2~3层，底层多用来饲养牲畜或储藏杂物，2层为起居室、卧室、厨房等主要功能房间，而用于诵经的经堂多位于顶层，属于较为私人的神圣空间。由于夯土材料具有很好的蓄热性能，因此建筑主要依靠增加夯土墙的厚度达到保温的目的。该地区民居的墙体厚度均为1m左右，自下而上进行收分。除此之外，也有部分与"庄廓"民居形制相似，例如川西北安多藏式民居每户均有宅院，院墙也由夯土筑成，高度为2~3m，与主体建筑及辅助用房的墙体相连形成围合形制，增强了空间的私密性（图3-56）。

四洼乡的民居属于典型的安多藏式民居，与其他藏族聚居地的"石碉民居""混碉民居"有很大差异，甚至不同于其他地区安多藏族聚居地的"庄廓民居"，展现出独特的地域性和文化性，具有极高的研究价值。

图 3-56　四洼乡藏式民居建筑风貌

3.2.1.4　供热制冷措施

对于川西北安多藏式民居而言，夏季几乎不采取降温措施，冬季则需要供暖措施以调节室内热环境。部分农牧民用电进行采暖，例如电炉、电热毯等，部分农牧民通过烧散煤、柴薪、牲畜粪便等传统方式采暖。而燃烧散煤、柴薪的取暖方式会大量排放大气污染物并且严重影响室内空气质量，给当地居民的生活带来了很大的困扰。川西北安多藏式民居的采暖方式从节约能耗及改善室内空气质量方面来看亟须变革，需采用新的节约能源供暖方式以改善该地区民居室内热环境。

3.2.2　藏式民居室内外热环境实测分析

3.2.2.1　典型案例及测点布置

案例选择阿坝县四洼乡内某一传统藏式民居，并进行了建筑测绘及室内热环境相关的物理参数实测（图 3-57）。该建筑为传统夯土建筑，坐北朝南，面向村道，外墙厚度达 1m，自下而上进行收分。为抵御当地寒冷的气候并避免冷风侵入对室内热环境造成影响，该典型建筑除南墙外，其余墙面均未开设门窗洞口。

图 3-57　研究对象实拍图

实测建筑共三层，总建筑面积为 972m²。一楼用于饲养牲畜并储存谷物，其余楼层用作生活和日常活动空间。其中二层平面北侧为堂屋，南侧为卧室和厨房，三层平面北侧为卧室，南侧布置有一间卧室及一间经堂，卫生间设置在西侧。建筑平、立面图及实测时的测点布置如图3-58所示。

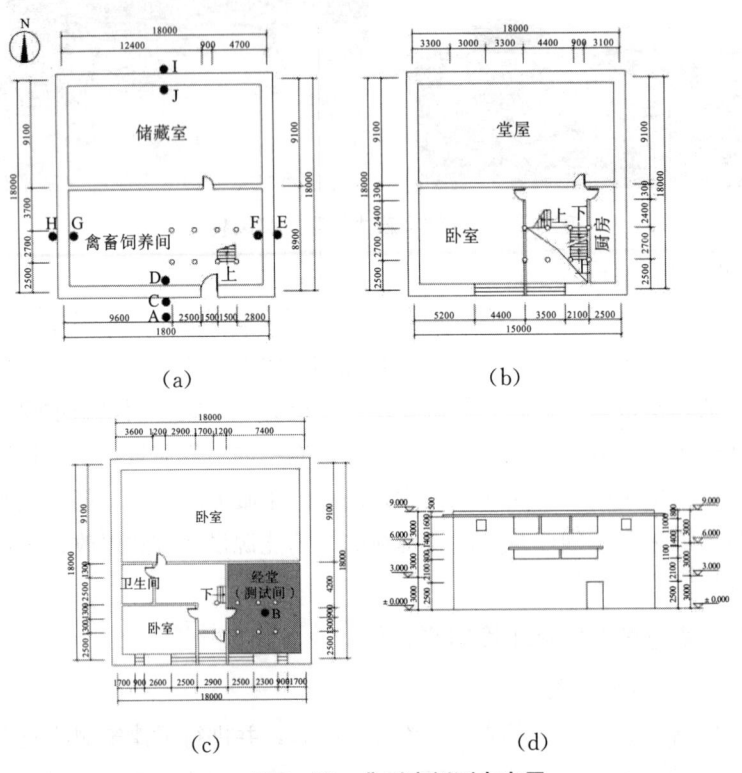

图3-58 典型案例测点布置

(a) 一层平面图；(b) 二层平面图；(c) 三层平面图；(d) 南向立面图

3.2.2.2 实地调研测绘

测试房间以尽量不被外界环境干扰为基本选择条件，根据民居及居民的实际情况选定为建筑物三楼南侧的经堂，测量数据包括室内外空气温度、相对湿度、室内外壁面温度以及太阳辐射强度，测点布置如图3-58所示。为避免太阳直射对测试结果造成影响，测试时使用锡纸对仪器探头进行有效遮挡。太阳辐射强度的测试仪器设置于建筑屋顶，无遮阳构件遮挡。测试时间段为2017年1月10日至1月11日，测试时选择了较为晴朗并少云的天气，测试前对需要使用的仪器均进行了标定。测试期间在测试房间未使用供暖设备，夜间无人居住。实测设备参数见表3-31，物理参数测量仪器如图3-59所示。

表 3-31　实测设备参数

设备名称	测量参数	有效范围	精度	分辨率
Testo174H 数据记录仪	空气温度	−20℃～50℃	±0.5℃	0.1℃
	空气湿度	0～100%Rh	±3%Rh	0.1%Rh
Testo830 红外测温仪	壁面温度	0.1℃～400℃	±1.5℃	0.1℃
		−30℃～0℃	2℃	0.1℃
JTNT−A/C 多通道温度热流测试仪	壁面温度	−20℃～85℃	±0.5℃	0.1℃
TDL 四通道太阳辐射测试仪	太阳辐射	0～2000W/m²	<±2%	1W/m²

（a）数据记录仪　　（b）红外测温仪　　（c）温度热流测试仪　　（d）太阳辐射测试仪

图 3-59　物理参数测量仪器

3.2.2.3　室内外热环境实测结果分析

（1）室内外空气温度对比。

在当地气候的影响下，室外温度波动幅度较大且趋势与当地高原气候的特征相符，室内温度的变化则较为稳定。在冬季测试期间（1月10日），室外空气温度在早晨 8：00 左右降至最低为 −8.4℃，随后空气温度快速升高，直到 13：00 左右达到全天最高温度 13.9℃，之后开始快速下降，20：00 左右下降速度趋缓，全天的平均温度为 −2.09℃，波幅为 22.3℃。室内空气温度的波动范围为 −2.4℃～0.9℃，波幅仅为 3.3℃，平均温度为 −1.02℃，与室外空气温度波幅相比，温度变化趋于平缓，平均温度虽然高于室外平均温度，但仍然十分接近（表 3-32）。

表 3-32　室内外空气温度特征值

	平均值/℃	峰值/℃	谷值/℃	波幅/℃
室内空气温度	−1.02	0.9	−2.4	3.3
室外空气温度	−2.09	13.9	−8.4	22.3

(2) 建筑壁面温度对比分析。

表3-33显示了各内壁面及室内外温度特征值。从表中可以看出，只有室外空气温度的平均值达到了0℃以上，由于数据只展示了10：40—16：55时间段内的空气温度，在此期间的室外温度远高于早、晚的温度，因此室外平均气温高于室内平均气温及各内壁面平均温度。除此之外，室内各壁面的平均温度均低于室内平均气温，因此室内存在不均匀的冷辐射，会使人体各部位的热感觉产生差异，影响室内空间整体的热舒适性。在各内壁面温度中，东、南向的内壁面平均温度及峰值均高于北、西向内壁面温度。因此，在传统藏式民居的设计中，主要功能房间如卧室、经堂布置在南向方位。

表3-33 内壁面及室内外温度特征值

	平均值/℃	峰值/℃	谷值/℃	波幅/℃
东墙内壁面	-0.46	0.1	-1.8	1.9
南墙内壁面	-0.64	-0.1	-2.1	2
西墙内壁面	-0.87	-0.5	-2	1.5
北墙内壁面	-0.97	-0.3	-2	1.7
屋顶内壁面	-1.11	-0.8	-2.1	1.3
室内空气温度	-0.45	0	-2.1	2.1
室外空气温度	1.72	8.7	-4.2	12.9

从表3-34中可以看出，建筑各外壁面温度受太阳辐射及室外空气温度影响较大，与室外温度变化趋势几乎一致。在10：40—13：10时间段内，室外空气温度及各外壁面温度呈现上升趋势，随后室外温度开始下降，东、南向外壁面及屋顶温度也随之下降，但西墙外壁面温度出现了延迟性，并未立即下降，15：00左右到达峰值后开始下降。因此，川西北安多藏式民居设计及建造时应注意"西晒"问题。各外壁面平均温度从高到低排序依次为：南墙、东墙、屋顶、西墙、北墙。南墙和东墙受太阳辐射影响较大，因此，在设计时应考虑充分利用南向的太阳辐射改善建筑的室内热环境。

表3-34 外壁面温度特征值

	平均值/℃	峰值/℃	谷值/℃	波幅/℃
东墙外壁面	5.81	14.2	-6.6	20.8
南墙外壁面	10.19	25.5	-1.5	27

续表3-34

	平均值/℃	峰值/℃	谷值/℃	波幅/℃
西墙外壁面	−1.75	1.8	−6.5	8.3
北墙外壁面	−3.42	−0.6	−7.3	6.7
屋顶外壁面	0.37	11.1	−9.8	20.9
室内空气温度	−0.45	0	−2.1	2.1
室外空气温度	1.72	8.7	−4.2	12.9

3.2.3 藏式民居室内热环境模拟分析

3.2.3.1 计算机数值模拟分析

（1）数值模拟软件的选取。

笔者选择 EnergyPlus 作为能源模拟软件进行数值模拟。EnergyPlus 开发于1996年，是由美国劳伦斯国家实验室联合俄克拉荷马州立大学、美国军队建筑工程实验室及其他实验室共同开发的一款能耗模拟软件。EnergyPlus 既融合了 BLAST 和 DOE-2 的优点，又能通过热平衡算法模拟热环境，使得模拟结果更加精确，目前已被广泛应用于建筑室内热环境及能耗研究。

（2）数值模拟模型的建立。

笔者利用 EnergyPlus 研究川西北安多藏式民居的室内热环境及能耗。首先根据前期调研的测绘数据及建筑图纸建立三维几何模型；然后根据房间功能的不同建立相应的热工分区，使建筑作为数个计算单元进行模拟计算；最后对模型的平面尺寸、功能布局、层高、构造做法等均按照实际情况进行设置。图3-60所示为建筑模型图。

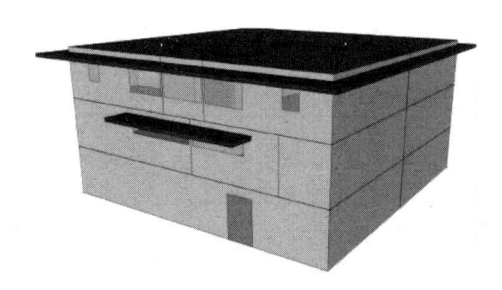

图3-60 EnergyPlus 数值模拟模型图

构建数值模型时所采用的建筑的构造做法及材料根据实际情况进行输入，具体的热工参数见表3-35。

表 3-35　建筑构造材料热工参数

构造位置名称	构造材料	厚度 d/mm	干密度 ρ_0/(kg·m^{-3})	导热系数/(W·m^{-1}·K^{-1})	比热容 C/(kJ·kg^{-1}·K^{-1})
外墙	黏土	1000	1800	0.93	1.01
内墙1	木板	200	500	0.14	2.51
	水泥砂浆抹灰	20	1800	0.93	1.05
内墙2	黏土	160	1200	0.47	1.01
	水泥砂浆抹灰	20	1800	0.93	1.05
屋顶	黏土	160	1200	0.47	1.01
	木板	100	500	0.14	2.51
楼板	木板	200	500	0.14	2.51

(3) 数值模拟模型的验证。

为了模拟典型民居全年室内热环境并分析模拟结果，需要验证软件的可靠性及模型的准确性。为使模拟条件更加接近实际情况，数值模拟时设置的室外边界条件为1月10日0：00至1月11日17：00的实测数据，包括室外空气温度、相对湿度、太阳辐射强度。选取实测房间即经堂的实测数据与模拟数据进行对比分析，验证结果如图3-61所示。

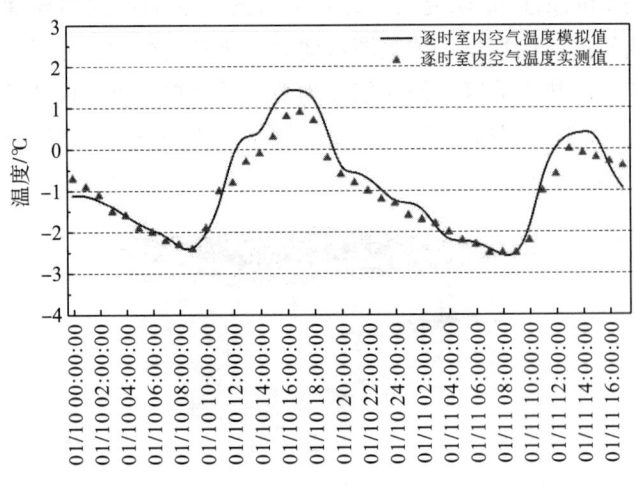

图 3-61　实测房间室内空气温度实测值与模拟值对比

从图 3-61 可以看出，典型民居室内气温的实测数据与模拟数据的变化趋势拟合良好。室内空气温度在 1 月 10 日 9：00 左右达到全天最低值，随后随着太阳辐射强度增大开始升温，直到 17：00 左右达到全天最高值，之后随着太阳辐射强度的消失而逐渐降低。实测数据与模拟数据的平均气温仅相差0.17℃，均方误差为0.12，均方误差是各数据偏离真实值差值的平方和的平均数，显示出模拟数据与实测数据之间具有很好的相关性。

3.2.3.2 室内热环境数值模拟结果分析

在前期模拟的基础上，对该典型民居进行了全年8760h的仿真模拟计算，并以其计算结果作为现状，用于后续研究部分的对比分析。本节主要研究太阳能围护结构——特朗勃墙对川西北安多藏式民居房间室内热环境的影响。在该典型民居中，使用频率较高的南向房间为二楼的主卧，因此将主要以主卧的室内热环境作为实测对象进行研究。选择冬季设计日（1月21日）和夏季设计日（7月21日）作为模拟室外设计日气象参数，模型采用自然通风模式，无空调采暖系统，选择多区域模型模拟自然通风。图3-62和图3-63展示了案例建筑中主卧全年的室内温度及相对湿度的变化范围。从图中可以看出，测试房间的室内空气温度在1月份时最低，平均温度低至2.07℃，温度下限值为-3.00℃，7月份平均最高温度为16.07℃，全年室内最高温度为20.52℃。除12月和1月外，其余时间的室内平均相对湿度均处于30%~70%范围内，满足《民用建筑供暖通风与空气调节设计规范》（GB 50736—2012）中提到的适宜的室内相对湿度范围为30%~70%，但冬季整体相对湿度偏低，需要适当增湿。可以看出，川西北安多藏式民居夏季室内热环境良好，无降温需求，但冬季室内热环境恶劣，亟待改善。

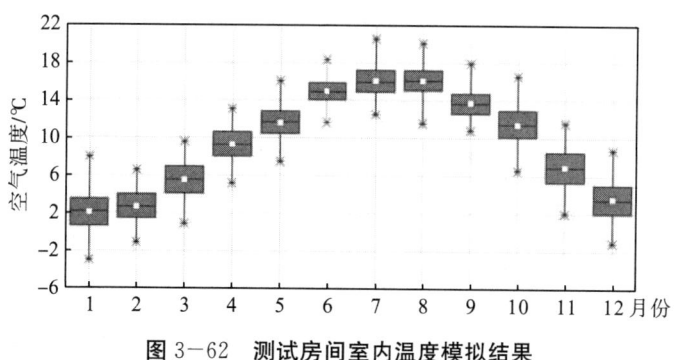

图3-62 测试房间室内温度模拟结果

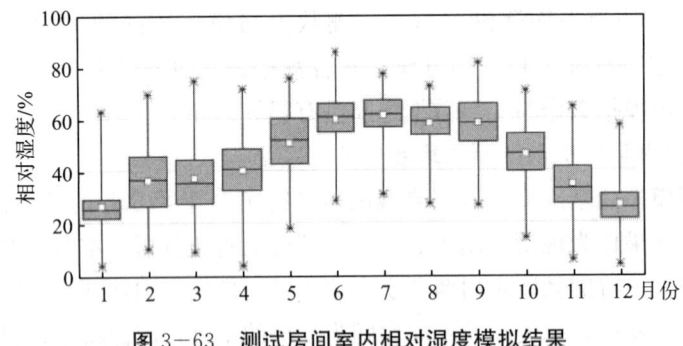

图 3-63 测试房间室内相对湿度模拟结果

3.2.3.3 室内热环境评价及分析

姚润明教授基于"黑箱"中的环状负反馈理论,将季节、气候、建筑形式、功能及社会文化背景等影响因素考虑在内,在 PMV 指标的基础上进行了模型修正,提出了预计适应性平均热感觉指标(APMV),改善了 PMV 模型对于实际非人工冷热源的建筑室内热舒适评价的不足和不适用性。热舒适调节模型如图 3-64 所示,图中 δ 为物理刺激量,K_δ 为与实际季节、气候、建筑形式和功能、社会文化背景以及其他瞬时物理环境相关的因素,取值大于 0,G 为人体感受量。

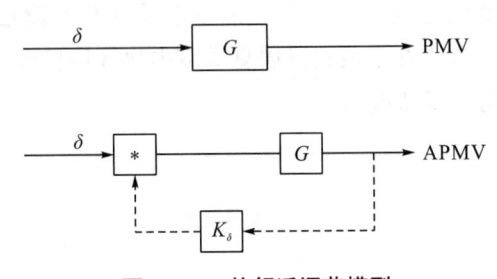

图 3-64 热舒适调节模型

来源:Yao R, Li B, Jing L. A theoretical adaptive model of thermal comfort—Adaptive Predicted Mean Vote(aPMV)[J]. Building & Environment, 2009, 44 (10):2089-2096.

目前,APMV 模型已被我国《民用建筑室内热湿环境评价标准》(GB/T 50785—2012)采用,标准中指出应将 APMV 指标作为无人工冷热源的建筑室内热环境的评价标准。$APMV$ 与 PMV 的定量关系如下:

$$APMV = PMV/(1+\lambda \cdot PMV)$$

式中:$APMV$ 表示预计适应性平均热感觉指标;λ 表示自适应系数,取值见表 3-36;PMV 表示预计平均热感觉指标。

表 3-36　自适应系数

建筑气候区		居住建筑、商店建筑、旅馆建筑及办公室	教育建筑
严寒、寒冷地区	$PMV \geqslant 0$	0.24	0.21
	$PMV < 0$	-0.5	-0.29
夏热冬冷、夏热冬暖、温和地区	$PMV \geqslant 0$	0.21	0.17
	$PMV < 0$	-0.49	-0.28

由于川西北安多藏式民居内几乎无采暖空调系统，因此作为非人工冷热源室内热环境，应采用 APMV 指标进行评价。

模拟结果表明，川西北安多藏式民居在无人工冷热源的条件下，即便是室内热环境稍好的南侧房间，冬季室内热舒适性都非常差。综合模拟得到的全年逐时 PMV-PPD 指标及计算求得的逐时 APMV 指标，分析发现川西北安多藏式民居室内热环境总体偏冷，夏季可达到热舒适水平，但冬季冷感明显，预测不满意度极高。为使冬季室内拥有良好的热舒适环境，需要采取改进措施。

3.2.4　藏式民居冬季室内热环境的优化策略研究

3.2.4.1　藏式民居优化数值模型的建立

特朗勃墙是一种被动式墙体太阳能构造做法，不需要消耗一次能源、无机械动力要求，是被动式太阳能技术中最常用的设计策略之一。特朗勃墙实际上可算作一种太阳能空气加热器，经典的特朗勃墙由外层玻璃、空气间层、蓄热墙和两个通风口组成，在供暖工况下，可以利用外层玻璃与蓄热墙之间的空气间层捕捉太阳辐射，并利用墙体吸收和储存热量，部分热量通过墙体进入室内，同时，较低温度的空气通过墙体下部的通风口从房间进入空腔，被太阳辐射加热后，由于热压差向上流动并通过墙体上部的通风口返回房间。

能耗模拟软件 EnergyPlus 对于特朗勃墙的仿真结果的可靠性与准确性已在许多研究、分析和经验案例中得到验证。根据前期研究可知，南壁面温度受太阳辐射影响最大，因此本节选择案例建筑的南壁面设置特朗勃墙。由 EnergyPlus 构建的既有建筑和特朗勃墙的计算模型如图 3-65 所示。室内空气通过蓄热墙底部的通风口进入特朗勃墙空气间层，被太阳能加热后在热压作用下上浮，最后通过蓄热墙顶部的通风口回到室内。

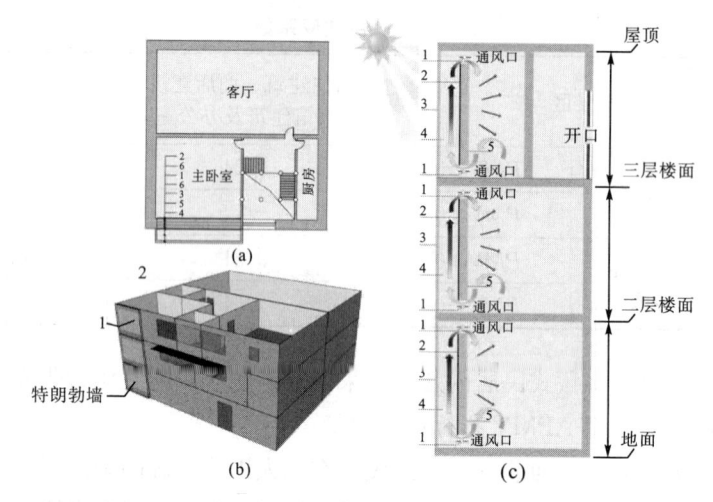

图 3—65 带有特朗勃墙的 EnergyPlus 数值模型图

(a) 二层平面图；(b) EnergyPlus 建立的数值模型；(c) 1—1 剖面图

1. 通风口；2. 黑色涂层；3. 玻璃；4. 空气间层；5. 蓄热墙

为了研究特朗勃墙不同结构参数对川西北安多藏式民居冬季室内热环境的影响，将特朗勃墙的面积、通风口高度、蓄热墙厚度、蓄热墙材料、玻璃与垂直墙面的夹角以及空气间层厚度作为自变量，尺寸由正交试验设计确定。为使蓄热墙体吸收尽可能多的热量以保证房间的夜间温度，在蓄热墙面设置黑色涂层，特朗勃墙结构所采用的双层玻璃、空气间层以及黑色涂层材料特性见表3—37。根据案例建筑中南向房间的使用功能和频率，结合特朗勃墙安装位置，选择二楼南向的主卧室作为研究对象，与测试房间一致。根据特朗勃墙工作原理，设置通风口开启时间为10：00—17：00，即太阳辐射强度较大时将通风口开启，较小时将通风口关闭，以达到白天提高室内空气温度，夜晚减缓室内空气温度下降速度的目的。

表 3—37 特朗勃墙材料特性

材料特性	双层玻璃	空气间层 $R=0.21\text{m}^3\cdot\text{K/W}$	蓄热墙面黑色涂层
密度/(kg·m^{-3})	—	—	600
比热容/(J·kg^{-1}·K^{-1})	—	—	100
导热系数/(W·m^{-1}·K^{-1})	1.07	28.5	0.16
太阳能得热系数	0.739	—	—
可见光透过率	0.752	—	—

续表3-37

材料特性	双层玻璃	空气间层$R=0.21\text{m}^3\cdot\text{K/W}$	蓄热墙面黑色涂层
厚度/mm	6	—	10
U值/(W·m^{-2}·K)	1.77	4.75	0.16

3.2.4.2 正交实验分析

（1）影响因素及水平的确定。

结合文献研究可知，目前研究过的影响特朗勃墙性能的因素共有13项，可以分为4个大类，分别是特朗勃墙结构参数、安装条件、材料类型以及环境条件。结构参数分为特朗勃墙高度、空气间层尺寸、通风口的高度、特朗勃墙的高度与腔隙的比值。本节根据不同文献中所研究的各因素现有的参数范围确定了各个影响因素的研究水平值，每个因素5个水平，参数值见表3-38。其中特朗勃墙南向面积比的研究水平为15%、25%、35%、45%、55%，通风口高度为100mm、200mm、300mm、400mm、500mm，特朗勃墙玻璃与垂直墙面的夹角为0°、10°、20°、30°、40°，蓄热墙厚度为200mm、300mm、400mm、500mm、600mm，蓄热墙材料为夯土墙、天然卵石墙、砖砌体墙、EPS板、小型空心混凝土砌块，空气间层厚度为100mm、200mm、300mm、400mm、500mm。蓄热墙体材料特性见表3-39。

表3-38 因素水平参数值

	特朗勃墙南向面积比/%	通风口高度/mm	特朗勃墙玻璃与垂直墙面的夹角/°	蓄热墙厚度/mm	蓄热墙材料	空气间层厚度/mm
1	15	100	0	200	夯土墙	100
2	25	200	10	300	天然卵石墙	200
3	35	300	20	400	砖砌体墙	300
4	45	400	30	500	EPS板	400
5	55	500	40	600	小型空心混凝土砌块	500

表3-39 蓄热墙体材料特性

蓄热墙材料	干密度ρ_0/(kg·m^{-3})	导热系数λ/(W·m^{-1}·K^{-1})	比热容C/(kJ·kg^{-1}·K^{-1})
夯土墙	1800	0.93	1.01

续表3-39

蓄热墙材料	干密度 ρ_0 / (kg·m^{-3})	导热系数 λ / (W·m^{-1}·K^{-1})	比热容 C (kJ·kg^{-1}·K^{-1})
天然卵石墙	2400	2.04	0.92
砖砌体墙	1800	0.87	1.05
EPS板	20	0.039	1.38
小型空心混凝土砌块	1440	0.51	1.05

(2) 正交表设计。

本节进行6因素、5水平的试验，且不考虑因素间的交互作用，根据公式得出，试验次数应不少于25次，因此选择试验次数为25次的标准正交表L25(5^6)来进行正交试验（表3-40）。

表3-40 正交试验表

	特朗勃墙南向面积比/%	通风口高度/mm	特朗勃墙玻璃与垂直墙面的夹角/°	蓄热墙厚度/mm	蓄热墙材料	空气间层厚度
E1	0.15	100	0	200	夯土墙	100
E2	0.15	200	10	300	天然卵石墙	200
E3	0.15	300	20	400	砖砌体墙	300
E4	0.15	400	30	500	EPS板	400
E5	0.15	500	40	600	小型空心混凝土砌块	500
E6	0.25	100	10	400	EPS板	500
E7	0.25	200	20	500	小型空心混凝土砌块	100
E8	0.25	300	30	600	夯土墙	200
E9	0.25	400	40	200	天然卵石墙	300
E10	0.25	500	0	300	砖砌体墙	400
E11	0.35	100	20	600	天然卵石墙	400
E12	0.35	200	30	200	砖砌体墙	500
E13	0.35	300	40	300	EPS板	100

续表3-40

	特朗勃墙南向面积比/%	通风口高度/mm	特朗勃墙玻璃与垂直墙面的夹角/°	蓄热墙厚度/mm	蓄热墙材料	空气间层厚度
E14	0.35	400	0	400	小型空心混凝土砌块	200
E15	0.35	500	10	500	夯土墙	300
E16	0.45	400	10	300	小型空心混凝土砌块	300
E17	0.45	500	20	400	夯土墙	400
E18	0.45	100	30	500	天然卵石墙	500
E19	0.45	200	40	600	砖砌体墙	100
E20	0.45	300	0	200	EPS板	200
E21	0.55	100	40	500	砖砌体墙	200
E22	0.55	200	0	600	EPS板	300
E23	0.55	300	10	200	小型空心混凝土砌块	400
E24	0.55	400	20	300	夯土墙	500
E25	0.55	500	30	400	天然卵石墙	100

3.2.4.3 正交试验结果及分析

（1）特朗勃墙对室内空气温度的影响。

首先利用EnergyPlus对正交表设计得出的25个试验组合分别进行模拟，得到室内空气温度平均值，其次将室内平均气温作为目标量进行正交试验，最后结合方差分析得出每个因素对室内空气温度的影响程度显著性（表3-41），并结合极差分析得出室内空气温度改善程度最大时，每个因素的最优水平值。

表3-41 室内温度方差分析

因素	偏差平方和	自由度	F方差比	F临界值	显著性
特朗勃墙南向面积比	54.514	4	239.096	6.39	高度显著
通风口高度	1.124	4	4.93	6.39	不显著
特朗勃墙玻璃与垂直墙面的夹角	9.354	4	41.026	6.39	高度显著

续表3-41

因素	偏差平方和	自由度	F方差比	F临界值	显著性
蓄热墙厚度	0.323	4	1.417	6.39	不显著
蓄热墙材料	1.241	4	5.443	6.39	不显著
空气间层厚度(Se)	0.228	4	1	6.39	不显著

结合正交试验的极差分析结果，以各因素的不同水平作为横坐标，室内空气温度值作为纵坐标，画出各因素与室内空气温度的关系曲线（效应曲线图），从图3-66中可以看出，当室内空气温度最高时各因素的最优水平值。因此为使室内空气温度最高，特朗勃墙的最优参数组合应为特朗勃墙南向面积比、通风口高度、特朗勃墙玻璃与垂直墙面的夹角、蓄热墙厚度、蓄热墙材料、空气间层厚度分别取值55%、500mm、0°、400mm、夯土墙、100mm。

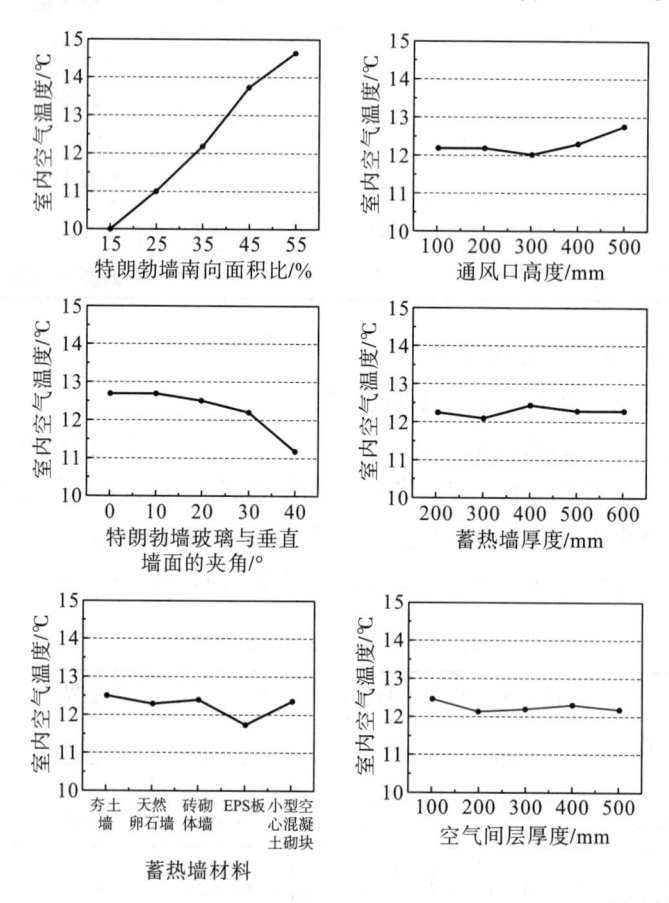

图3-66 室内温度效应曲线图

3 乡村聚落及民居研究案例

将无特朗勃墙的既有建筑的模拟方案编号设置为 E0，由正交试验设计分析得出的最优参数方案编号设置为 E26，模拟结果如图 3-67 所示。由于 E0 方案的室内空气温度较低，最冷月平均温度仅有 2.07℃，温度下限值为 -3.00℃，最高温度为 7.97℃，与 26 个优化方案的室内气温差距较大，因此没有放进图 3-67 中进行比较。从图中可以看出，26 个优化方案的平均值区间为 9.57℃~15.26℃，其中 E26 方案的模拟结果最优，即室内月平均温度为 15.26℃，与 E0 方案的室内平均温度相比升高了 13.19℃。E26 方案的最高室内空气温度可以达到 23.05℃，而在所有的 26 个优化方案中，E22 方案的室内温度上限值最高，可以达到 24.88℃，比 E0 方案的最高室内空气温度提高了 16.91℃。E13 方案的室内空气温度下限值最低，为 5.86℃，比 E0 方案的最低室内空气温度高 8.86℃。从图 3-68 可以看出，采用 E26 优化方案的主卧最冷月室内气温与原始建筑相比改善幅度较大，优化效果明显。

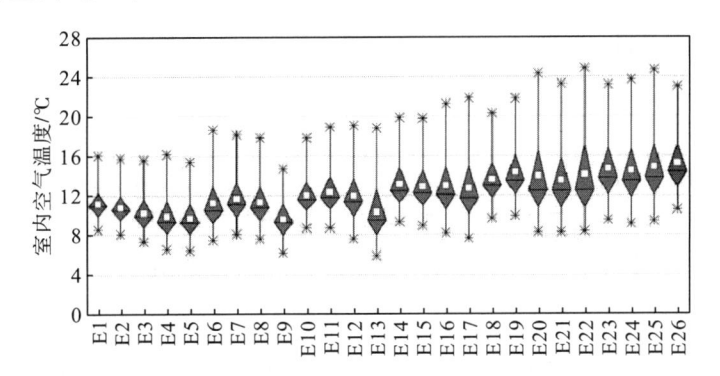

图 3-67　基于正交试验方案的室内空气温度模拟结果

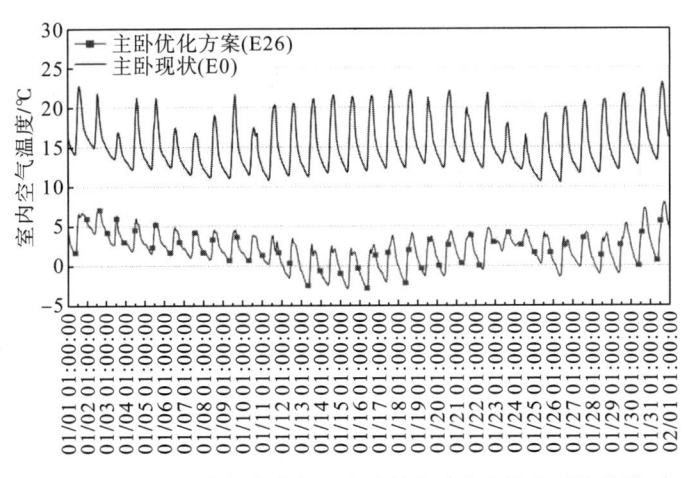

图 3-68　E26 优化方案与既有建筑主卧室内温度对比曲线

（2）特朗勃墙对 APMV 指标的影响。

为了对室内热环境进行评价，分析人们对热湿环境的主观满意程度，本节采用适用于非人工冷热源热湿环境的 APMV 评价指标。由于 APMV 指标是在 PMV 指标的模型基础上进行修正得出，因此首先结合 EnergyPlus 软件对 25 个正交试验方案进行模拟得出 PMV-PPD 值，如图 3-69 所示。将无特朗勃墙的既有建筑方案设置为 E0，优化后的主卧 1 月份 PMV 值有了很大程度的改善，使用不同优化方案后的 PMV 平均值区间为 -1.96～-0.93，其中 E25 方案的 PMV 值最高为 -0.93，与 E0 方案相比提高了 2.59。除此之外，预计不满意百分数 PPD 也由原始方案的 99.76% 下降至 28.52%，表明居民对室内热舒适的满意程度有了显著提高。

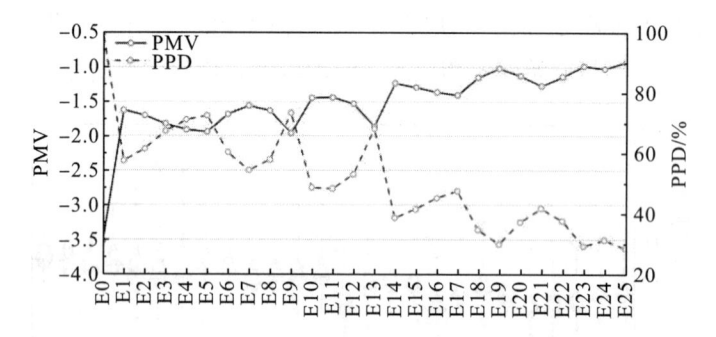

图 3-69 基于正交试验方案的 PMV-PPD 指标模拟结果

根据已得出的 PMV 值结合 APMV 修正公式进行修正，将得到的 25 个优化方案的 APMV 值作为试验目标量进行正交试验，分析得出不同因素对主卧 APMV 指标的影响程度排序，见表 3-42。由于蓄热墙厚度的均方差远低于其他因素的均方差，因此将蓄热墙厚度的均方差作为误差均方差，用 Se 表示。从表中可以看出，在 6 个影响因素中，对室内热舒适影响呈高度显著的两个因素分别为特朗勃墙南向面积比及特朗勃墙玻璃与垂直墙面的夹角，F 值分别为 142.5 和 25.5，远高于其他因素，且远高于 F 临界值 6.39。各影响因素对 APMV 值的影响程度从大到小排序为：特朗勃墙南向面积比、特朗勃墙玻璃与垂直墙面的夹角、通风口高度、蓄热墙材料、空气间层厚度、蓄热墙厚度。

表 3-42 APMV 指标方差分析

因素	偏差平方和	自由度	F 方差比	F 临界值	显著性
特朗勃墙南向面积比	0.285	4	142.5	6.39	高度显著
通风口高度	0.015	4	7.5	6.39	显著

续表3-42

因素	偏差平方和	自由度	F方差比	F临界值	显著性
特朗勃墙玻璃与垂直墙面的夹角	0.051	4	25.5	6.39	高度显著
蓄热墙厚度（Se）	0.002	4	1	6.39	不显著
蓄热墙材料	0.004	4	2	6.39	不显著
空气间层厚度	0.004	4	2	6.39	不显著

结合正交试验极差分析得出，当APMV值最优时，不同影响因素对应的水平值如图3-70所示。综合不同因素的最优水平，可得到最优参数组合，即特朗勃墙南向面积比、通风口高度、特朗勃墙玻璃与垂直墙面的夹角、蓄热墙厚度、蓄热墙材料、空气间层厚度分别为55％、500mm、0°、400mm、夯土墙、100mm，与以室内温度为目标量进行正交试验得出的最优参数组合一致，编号为E26。

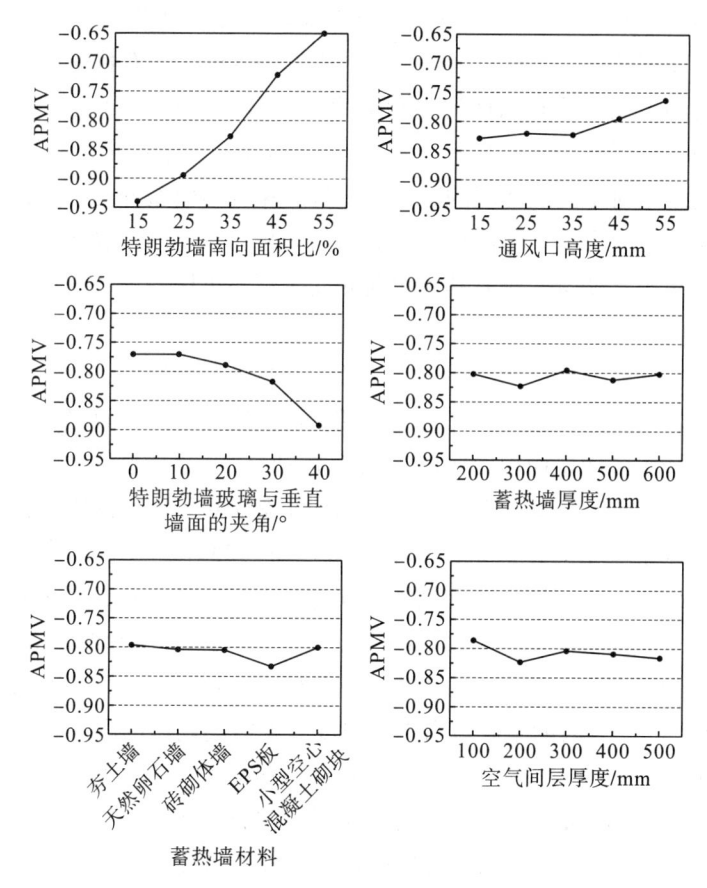

图 3-70 APMV指标效应曲线图

图 3-71 展示了使用不同优化方案优化后的主卧 1 月份的 APMV 值。在 26 个优化方案中，APMV 值的变化范围为 $-1.14 \sim 0.49$，其中，E26 方案的 APMV 平均值最优，为 -0.55，与原始方案的 APMV 值相比提高了 0.72。

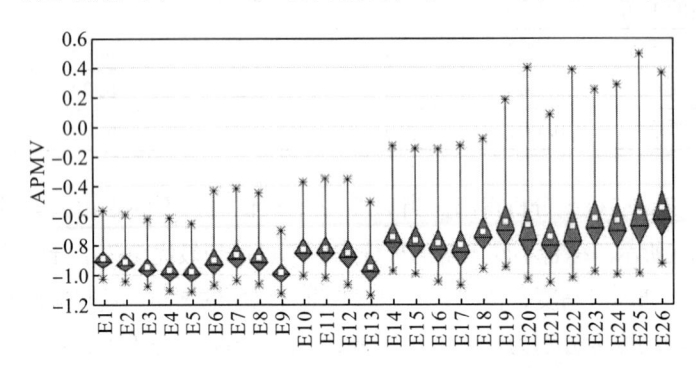

图 3-71 基于正交试验方案的 APMV 指标模拟结果

3.2.4.4 特朗勃墙单因素对室内热环境及建筑热负荷的影响

根据正交试验结果分析可知，在 6 个影响因素中，只有特朗勃墙南向面积比及特朗勃墙玻璃与垂直墙面的夹角对室内热环境的影响呈高度显著，F 值远高于其他 4 个因素，且远高于 F 临界值。因此，为了更全面地研究这两个因素的不同水平对室内热环境的影响，并且避免因为极差分析中存在误差而使最优参数组合产生误差，将以特朗勃墙南向面积比及特朗勃墙玻璃与垂直墙面的夹角作为单因素变量，研究其对川西北安多藏式民居冬季室内热环境及建筑热负荷的影响。

（1）特朗勃墙南向面积比对室内热环境及热负荷的影响。

特朗勃墙南向面积比的定义为当特朗勃墙高度与层高一致时，二层特朗勃墙面积占二楼主卧南墙面积的比值，取值范围为 10%～100%。当特朗勃墙南向面积比为 100% 时，特朗勃墙宽度与主卧南墙宽度一致。将特朗勃墙南向面积比作为单因素变量时，其余因素水平取对室内热环境改善最优的方案 E26 中的取值，即通风口高度、特朗勃墙玻璃与垂直墙面的夹角、蓄热墙厚度、蓄热墙材料、空气间层厚度分别为 500mm、0°、400mm、夯土墙、100mm。

①特朗勃墙南向面积比对室内温湿度的影响：如图 3-72 所示为特朗勃墙南向面积比为 100% 时的主卧室内空气温度与无特朗勃墙的既有建筑主卧室内空气温度的对比曲线。可以看出，使用优化方案后的室内平均气温比既有建筑的室内平均气温高 15.50℃，优化后的 1 月份最低温度为 11.55℃，比主卧现状最低温度高 14.55℃，室内空气温度得到了极大的改善。

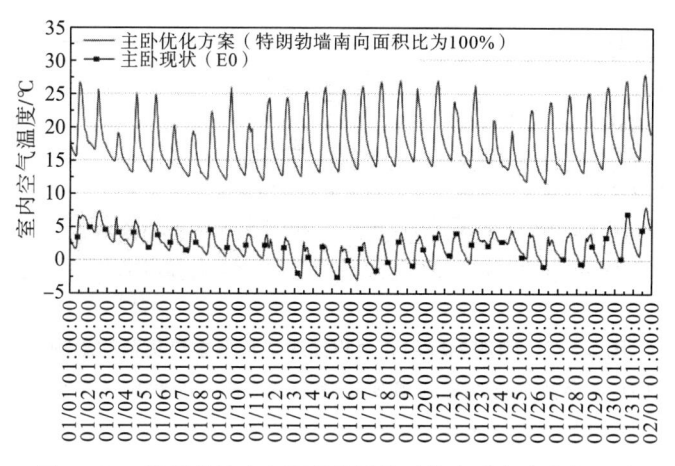

图 3-72 特朗勃墙南向面积比最优时的主卧室内空气温度

②特朗勃墙南向面积比对热负荷的影响：本研究以川西北安多藏式民居为例，结合 EnergyPlus 数值模拟软件对以特朗勃墙南向面积比为单因素变量的 10 种工况进行了建筑能耗模拟。结合房间的使用功能和频率，主卧空调系统的运行时间为 13：00—14：00 和 20：00 至第二天上午 8：00。根据《四川省居住建筑节能设计标准》，将空调系统的制冷和供热温度分别设置为 26℃ 和 18℃，模拟时间为冬季 12 月 1 日至 3 月 1 日。保持其余 5 个因素水平不变，只改变特朗勃墙南向面积比计算得出的典型建筑冬季热负荷的变化情况和节能率如图中所示。从图 3-73 可以看出，随着特朗勃墙南向面积比的增大，室内空气温度及冬季热负荷呈现出负相关的关系，即特朗勃墙南向面积比越大，室内温度越高时，冬季热负荷指标越小。随着面积比从 10% 增大至 100%，节能率也从 61.24% 升至 68.84%，综合室内空气温度、APMV 值和节能率可知，特朗勃墙南向面积比为 100% 时，特朗勃墙对室内热环境及能耗的改善程度最优。

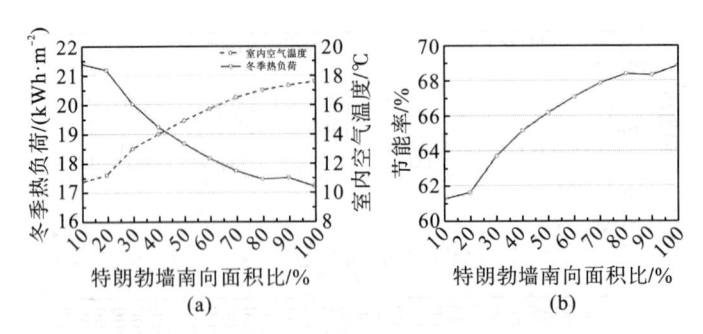

图 3-73　特朗勃墙南向面积比对建筑冬季热负荷的影响

(a) 冬季热负荷及室内温度随特朗勃墙南向面积比的变化关系；(b) 建筑节能率

(2) 特朗勃墙玻璃与垂直墙面的夹角对室内热环境及热负荷的影响。

根据正交试验结果可知，对川西北安多藏式民居冬季室内热环境影响高度显著的因素除特朗勃墙南向面积比之外，还有特朗勃墙玻璃与垂直墙面的夹角。以特朗勃墙玻璃与垂直墙面的夹角为单一自变量，研究该因素对室内热环境及建筑热负荷的影响，其余因素水平则采用正交试验中得出的对室内热环境改善最优的 E26 方案中的取值，即特朗勃墙南向面积比、通风口高度、蓄热墙厚度、蓄热墙材料、空气间层厚度分别为 55%、500mm、400mm、夯土墙、100mm。

①特朗勃墙玻璃与垂直墙面的夹角对室内温湿度的影响：模拟时以特朗勃墙玻璃与垂直墙面的夹角 5°为步长，研究夹角变化范围为 0°~45°时主卧室内空气温度和相对湿度的变化情况。图 3-74 中展示了将特朗勃墙玻璃与垂直墙面的夹角作为单一变量时，1 月份主卧室内空气温度和相对湿度的数值模拟结果。从图中可以看出，室内气温的波幅随着夹角的增大而增大，最高温度和最低温度都出现在特朗勃墙玻璃与垂直墙面的夹角为 45°的方案中，温度最高时为 25.95℃，最低时为 7.84℃。而在 10 个方案中，平均温度的差距很小，区间为 14.10℃~15.36℃，平均温度在夹角小于 10°时随着夹角的增大而升高，直至夹角为 10°时升至 15.36℃，之后随着夹角的增大而下降。室内平均相对湿度随着平均气温的下降而升高，区间为 25.33%~27.96%，当室内平均气温最高时，即特朗勃墙玻璃与垂直墙面的夹角为 10°时，平均相对湿度为 25.33%，室内较为干燥，需要采取适当措施为室内增湿。

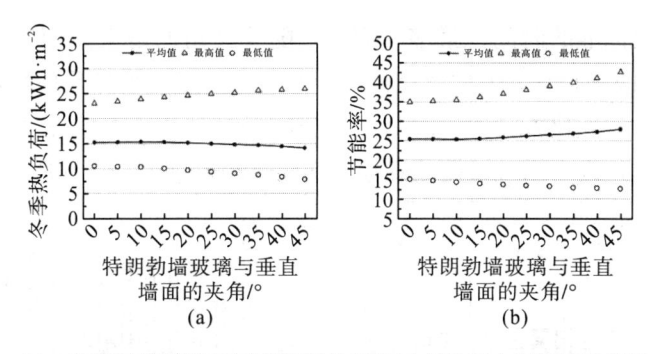

图 3-74 特朗勃墙玻璃与垂直墙面的夹角对主卧室内温湿度的影响

(a) 室内空气温度变化情况；(b) 室内相对湿度变化情况

②特朗勃墙玻璃与垂直墙面的夹角对 APMV 的影响：图 3-75 中展示了当特朗勃墙玻璃与垂直墙面的夹角变化区间为 0°至 45°时，主卧 1 月份的热舒适评价指标 PMV-PPD 值的变化情况。从图中可以看出，当以特朗勃墙玻璃与垂直墙面的夹角作为单因素自变量时，PMV 平均值随着夹角的增大而变化的趋势与室内空气温度一致。在夹角为 0°至 10°时，PMV 平均值随夹角的增大而升高，直至夹角为 10°时升至最高值-0.81，之后又随着夹角的增大而逐渐降低，夹角为 45°时，PMV 平均值降至最低，为-2.27。预计不满意百分数 PPD 值随着 PMV 值的降低而增大，PPD 平均值的变化区间为 23.67%~37.39%，当 PMV 平均值最高时，PPD 平均值最低为 23.67%，即有 76.33% 的人对室内热环境感到舒适。

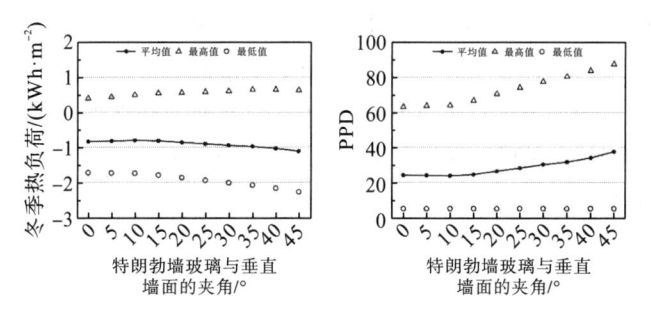

图 3-75 特朗勃墙玻璃与垂直墙面的夹角对主卧 PMV-PPD 值的影响

为了采用 APMV 指标对川西北安多藏式民居的冬季室内热环境进行评价，对已有的 PMV 值进行了修正，得到的 APMV 值如图 3-76 所示。10 个优化方案的 APMV 值变化区间为-1.06~0.56，平均值均处于-1.0~-0.5 区间，达到Ⅰ级热湿环境评价标准的时间范围为 22.9%~32.9%。其中特朗勃墙玻璃与垂直墙面的夹角为 10°时，APMV 平均值最高为-0.53，达到Ⅰ级热湿环境评价标准的时间也最多,而后,随着夹角的增大,APMV 平均值逐渐下降,夹角为 45°时,平均值最低为－0.65,达到Ⅰ级热湿环境评价标准的时间也最少。各优化方案的 APMV 平均值差距不大,且大部分时间处于Ⅱ级热湿环境水平,没有出现极端热感觉,室内热环境总体处于舒适水平。

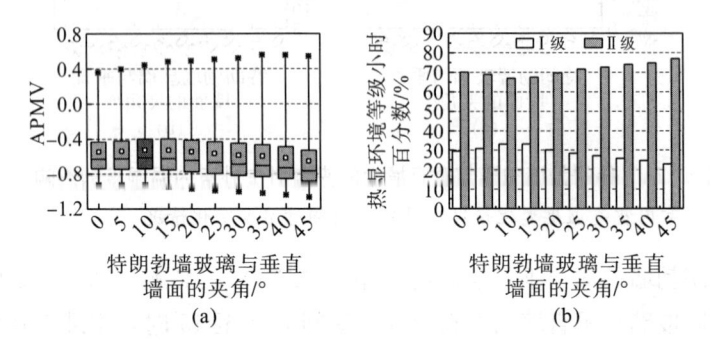

图 3－76 **特朗勃墙玻璃与垂直墙面的夹角对主卧 APMV 值的影响**
(a) 不同倾角时主卧的 APMV 值;(b) 不同倾角时满足不同热湿环境等级的时间(注:不同夹角的左侧柱状图为Ⅰ级热湿环境等级小时百分数,右侧柱状图为Ⅱ级热湿环境等级小时百分数)

③特朗勃墙玻璃与垂直墙面的夹角对热负荷的影响:在保持其余因素水平不变的同时,只改变特朗勃墙玻璃与垂直墙面的夹角并结合 EnergyPlus 进行能源模拟,计算所得的建筑冬季热负荷如图 3－77 所示。从图中可以看出,冬季热负荷随着夹角的增大而逐渐升高,节能率则随着夹角的增大而下降,夹角在 0°~45°的区间变化时,节能率的变化范围为 59.07%~66.66%。其中,特朗勃墙玻璃与垂直墙面的夹角为 0°时,节能率最高为 66.66%。结合经济性与热舒适性考虑,川西北安多藏式民居最适宜的特朗勃墙玻璃与垂直墙面的夹角为 0°~15°,而将室内热舒适性作为主要评价标准进行考虑时,夹角为 10°的特朗勃墙结构最为适宜。

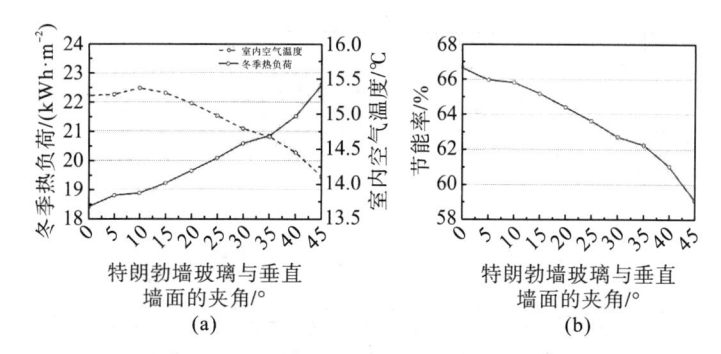

图 3-77 特朗勃墙玻璃与垂直墙面的夹角对建筑冬季热负荷的影响
（a）冬季热负荷及室内温度随夹角变化的关系；（b）建筑节能率

3.2.4.5 特朗勃墙优化方案的确定

根据前文的分析可知，特朗勃墙南向面积比为100%及特朗勃墙玻璃与垂直墙面的夹角为10°时，室内热环境最优，热舒适性最为适宜，且节能效果也较为显著。因此，结合单因素分析结果，将最终的优化方案设置为E27，该方案除了特朗勃墙南向面积比为100%、特朗勃墙玻璃与垂直墙面的夹角为10°，其余因素仍采用E26方案中的最优水平，即通风口高度、蓄热墙厚度、蓄热墙材料及空气间层厚度分别为500mm、400mm、夯土墙、100mm。

采用最终优化方案E27结合EnergyPlus进行模拟，得到优化后的主卧1月份逐时室内气温与既有建筑的室内气温对比曲线，如图3-78所示。从图中可以看出，优化后的室内气温远高于无特朗勃墙结构时的室内气温，虽然使用优化方案后的温度波幅较原始温度波幅更大，但1月份的室内最低气温为11.69℃，比既有建筑高14.69℃，而月平均气温则比既有建筑室内平均气温高16.05℃，为18.12℃，室内温度改善效果明显，证明了特朗勃墙结构对于川西北安多藏式民居的适用性。

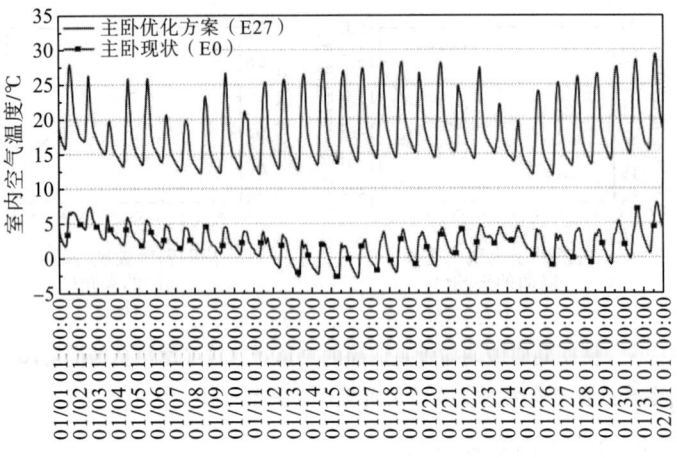

◀ 西南地区自然村落和民居热环境案例研究

图 3-78 优化前后主卧 1 月份室内空气温度对比曲线

为了更加直观地评价室内热环境的改善效果及其对人体热舒适性的影响，采用适用于严寒及寒冷地区的非人工冷热源的室内热舒适评价模型，计算得出 APMV 值对典型民居的室内热环境进行评价。由于 APMV 指标由 PMV 指标进行修正后得出，因此首先进行 PMV-PPD 指标分析，如图 3-79 所示。从图中可以看出，既有建筑主卧 1 月份的 PMV 值变化区间为 -4.5~-2.5，而优化后的 PMV 值变化区间为 -2.0~1.5，优化前的主卧 PPD 指标即预计不满意百分数接近 100%，优化后 PPD 指标的范围变化为 0%~55%，且集中出现在 0%~20% 范围内，1 月份有 85.68% 的时间满足《民用建筑供暖通风与空气调节设计规范》（GB 50736—2012）中规定的冬季室内热舒适范围为 PPD≤27% 的标准。

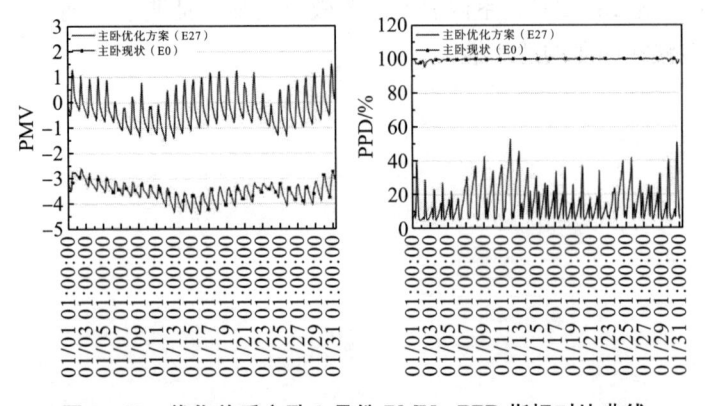

图 3-79 优化前后主卧 1 月份 PMV-PPD 指标对比曲线

优化后的主卧 APMV 值与现状 APMV 值的对比曲线如图 3-80 所示。从图

100

中可以看出，优化后的APMV值由原始区间-1.5~-1变化为-1~1.5，平均值为-0.17，与主卧现状相比提高了1.10，优化后的APMV最低值为-0.86，提高了0.52。

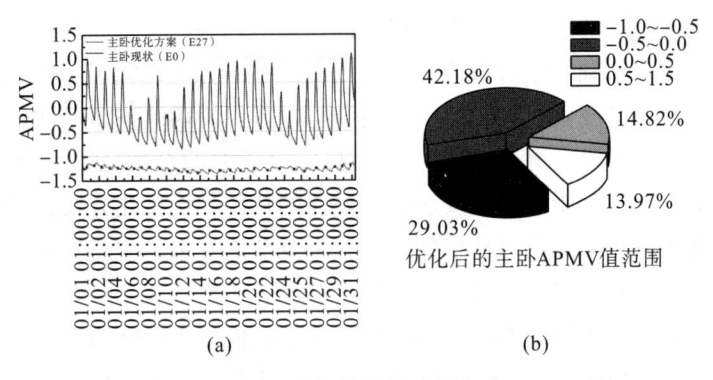

图3-80 采用特朗勃墙优化后的主卧APMV值
（a）优化方案与主卧现状APMV值对比曲线；（b）优化后的主卧APMV值范围

因此，特朗勃墙结构可以极大地改善川西北安多藏式民居的冬季室内热环境，提高热舒适性，充分利用了该地区的气候优势，发挥了可再生能源——太阳能的作用，在节约能源的前提下极大地降低了居民对于室内热环境的不满意百分数。

将使用特朗勃墙优化后的典型民居冬季热负荷与既有建筑的冬季热负荷进行对比，分析其节能效果，结果如图3-81所示。E0为无特朗勃墙的既有建筑的方案编号，从图中可知，其余27个优化方案中，E27方案的建筑冬季热负荷最低，节能率最高可达68.94%。结果表明，特朗勃墙对于川西北安多藏式民居的节能效果提升显著。

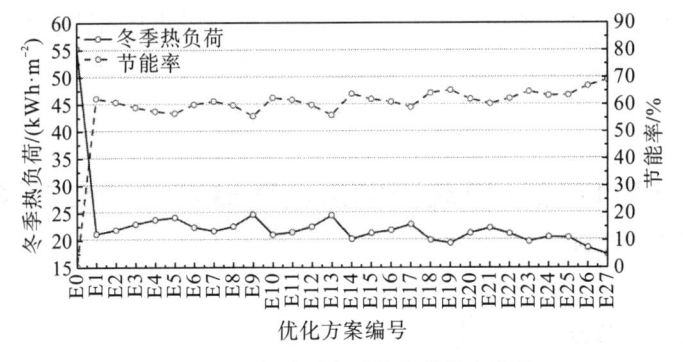

图3-81 优化前后冬季热负荷的变化情况

3.2.5 主要结论

本节通过前期文献研究及实地调研对川西北安多藏式民居所处地区的地理气候条件、传统民居的形态特征及供热制冷措施方面进行了详细分析，总结出特朗勃墙在该地区的适用性。然后以特朗勃墙传热理论及特朗勃墙强化自然通风的理论为研究基础，结合数值模拟和正交试验的方法研究了川西北安多藏式民居的室内热环境现状，以及特朗勃墙结构参数对川西北安多藏式民居冬季室内热环境的影响程度，并对影响程度为高度显著的两个因素进行了单因素分析。最后提出了适宜于川西北安多藏式民居的特朗勃墙优化方案，结合数值模拟分析了优化方案对室内热环境的改善效果及节能效果。主要研究结论如下：

（1）川西北安多藏式民居的室内热舒适性差，一年中有 48.62％的时间处于不适宜的水平，虽然夏季可达到热舒适状态，但冬季冷感明显，整个冬季均处于Ⅲ级热湿环境中，1月份的室内平均气温仅为 2.07℃，居民对室内热环境的不满意度极高。

（2）在 6 种特朗勃墙的影响因素中，仅有特朗勃墙南向面积比及特朗勃墙玻璃与垂直墙面的夹角对民居室内热环境的影响程度为高度显著，且显著性远高于其他因素。在当地的气候条件下，南向面积比越大，室内热环境越优，特朗勃墙玻璃与垂直墙面的最优夹角为 10°。

（3）使川西北安多藏式民居冬季室内热环境最优的特朗勃墙参数组合为：特朗勃墙南向面积比、特朗勃墙玻璃与垂直墙面的夹角、通风口高度、蓄热墙厚度、蓄热墙材料及空气间层厚度分别为 100％、10°、500mm、400mm、夯土墙、100mm。

（4）特朗勃墙可以有效改善川西北安多藏式民居的冬季室内热环境，并且节能效果显著。优化后的室内月平均气温与既有建筑的平均气温相比提高了 16.05℃，APMV 平均值提高了 1.10，1月份有 57％的时间满足Ⅰ级热湿环境的评价标准，其余 43％的时间均满足Ⅱ级热湿环境的评价标准，节能率为 68.94％。

3.3 基于室内热环境改善的川西南彝家民居自然通风优化研究案例

3.3.1 彝家村落及民居概述

3.3.1.1 研究区域概况

西昌是凉山彝族自治州州府，分布着许多传统的夯土建筑。有"小春城"

之称，白天阳光充足，昼夜温差大，风力资源丰富。

(1) 地理位置。

西昌地处川西高原的安宁河平原地区，东经 $101°46'\sim102°25'$，北纬 $27°32'\sim28°10'$。辖区面积 2651 km^2，南北约 20km，东西约 43km，是典型的河谷型城市。

(2) 地形地貌。

西昌位于横断山脉东部，海拔高度为 1160m~4180m。全市地势高差较大，大体上为北高南低，地形地貌主要为高原中山，兼有河谷、平原和盆地。中山地形占全市总面积的 78.9%，高山、低山分别占 1.1% 和 3.4%；平原与河谷面积占 16.4%，是四川省第二大河谷平原。

(3) 气候条件。

西昌气候温和，夏季受暖湿季风影响，冬季受极地大陆气团影响。全年降水量集中在夏季，占 80%~90%；冬季降水量占 10%~20%。与同纬度的平原相比，西昌气候温差小，夏季凉爽，冬季温暖。图 3-82 显示了该地区每月室外空气温度及相对湿度的特征值，气象数据来源于中国标准天气文件 (Chinese Standard Weather Data, CSWD)。该地区年平均气温为 16.94℃，1 月份平均温度最低，为 9.8℃；8 月份平均温度最高，为 22.5℃。全年相对湿度平均值为 44%~79%，6~10 月份相对湿度平均值均超过 70%。综上，该地区的气候特点为"冬无严寒春温高，夏无酷暑秋凉早"。

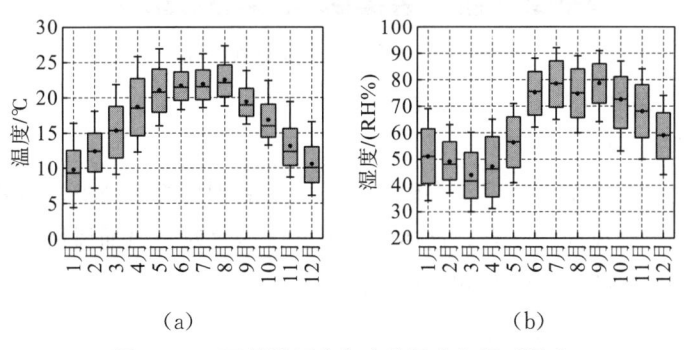

(a)　　　　　　　　　　(b)

图 3-82　西昌地区全年室外温度与相对湿度

(a) 干球温度；(b) 相对湿度

西昌海拔高，纬度低，太阳高度角大，紫外线强，雾日极少，能见度高，属于太阳能资源较为丰富的地区。西昌地区实测太阳能直接辐射总量在 5500MJ/m^2~6000MJ/m^2，年均日照时间 2421.8 小时。该地区白天太阳辐射强，在 09：00—18：00 时间段太阳辐射集中，地面急剧增温，夜晚晴空辐射大量散失，气温下降快，致使昼夜温差大，有"一年之中无冬夏，一日之间有四季"之说。此外，西昌地处高原，垂直地带突出，海拔高差大，气温随海拔增高而下降，山地立体气候明显，气候类型复杂多样，有利于各种气候带的农作物生长。

（4）西昌传统民居的微环境与选址。

西昌传统民居选址高地，避开低洼地带和沟谷凹地，以免受山体断裂带、滑坡和水灾的影响。同时，留下低矮的地势用于农业，接近水源方便灌溉。此外，高地选址还能够营造良好的风环境，夏季的湿热可被山间峡谷的风带走，冬季则能够遮挡寒风，减少热量散失。

从空中俯瞰，西昌地区民居建筑与四周的绿色植物相互融合，齿可波西乡与西溪河相邻，并与联补乡、基只乡隔河相望，既有植被环绕又有水域相邻，能够很好地调节当地气候。齿可波西乡场地环境如图3-83所示。

图3-83　齿可波西乡场地环境

3.3.1.2　西昌传统民居建筑风貌

（1）建筑朝向。

西昌地区的传统夯土建筑多建在缓坡上，周围环绕着植被，主要朝南，与当地夏季主导的风向相吻合。这体现了该地区居民对建筑通风情况的重视，也蕴含着当地村民的选址经验和建造智慧。

（2）建筑造型与窗墙比。

西昌地区传统民居多为单层建筑，其平面造型主要包括了一字形、L形和口形三种。西昌不同区域的传统夯土建筑因其功能和需求的不同，民居的体量和造型也不同。盐源县泸沽湖镇附近的民居体量偏大，平面为L形和口形造型居多，这是因为当地民居在旅游经济发展的历程中逐渐演变。齿可波西乡地区的民居建筑体量较小，平面多为一字形，此种布局方式更加紧凑，更适合当地居民的生活习惯。

窗墙面积比反映窗户对室内热环境和通风的影响。西昌地区传统民居的门窗洞口较小且常年关闭。采用自然通风的房间通风开口应不小于地板面积的5%。部分村民使用灶具，秸秆燃烧产生有害物质，需及时排出以保持身体健康。

（3）建筑围护结构。

西昌地区传统民居多为生土木构架建筑，以柱、梁及木结构屋架作为房屋骨架，各构件之间以卯榫相连，承重的墙体是用泥土夯实的土墙，基本无保温材料，主要靠增加墙体的厚度来提升保温效果，墙体厚度可达 350mm~400mm。

如图 3-84 所示，西昌夯土建筑的屋顶均为两面坡式，覆以小青瓦，这种建筑往往出檐深远，可以遮挡阳光辐射，又可以防止雨水冲刷墙面或渗入屋内，而且透气性良好，对冬天保暖、夏天防暑以及房屋内外的气流交换不失为一种好方法。

图 3-84 西昌地区民居建筑围护结构

3.3.2 西昌地区传统民居夏季室内热环境调查研究

3.3.2.1 调研概况

问卷调研时间为 2021 年 7 月 18 日至 2021 年 7 月 22 日，共发放问卷 68 份，回收 65 份，回收率 95.59%。对西昌市齿可波西乡民居室内热舒适情况和通风习惯进行了调查。问卷内容包括受访民居的基本信息、夏季室内热感受和热期待、室内通风情况的主观体验、辅助式通风方式的使用情况等。

3.3.2.2 受访者概况

本次问卷的采访对象均是长期生活在齿可波西乡地区的居民，对西昌传统夯土建筑的室内环境非常熟悉，如图 3-85 所示，调查对象中女性与男性比例为 2∶1 左右。由于当时是暑假期间，在外地上学的学生也回到了家乡，因此，

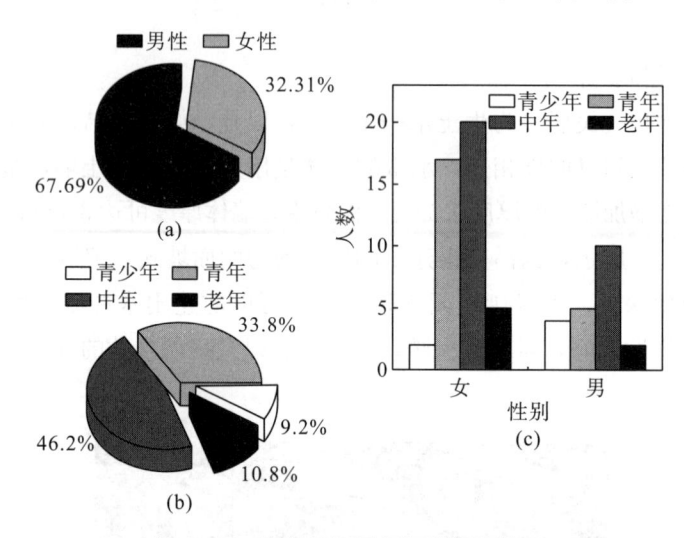

在调研对象中青年人、中年人占比较大，约占总调查人数的70%。其中，老年人（60岁及以上）占比为10.8%，中年人（45~60岁）占比为46.2%，青年人（18~44岁）占比为33.8%，青少年（15~17岁）占比为9.2%。

图3-85 西昌地区居民问卷调研情况

（a）受访者性别比例；（b）受访者年龄段分布图；（c）受访者性别、年龄交叉分布图

3.3.2.3 受访者的室内热感受和热期待

为了获取受访者的室内热感受，问卷设置了受访者对温度、湿度、风速的感知情况，其感受程度参考美国ASHRAE标准和《民用建筑室内热湿环境评价标准》（GB/T 50785—2012标准），每一项设置了7级指标，分别对应-3~3，见表3-43。

对65份调查问卷结果进行描述分析得到表3-44，当地居民普遍感受温度偏暖，湿度偏潮湿，风速有点大。标准差表明，居民对温度的感受差异较大，而对湿度和风速的感受差异相对较小。居民对温度的感受主要集中在1~3范围内，但仍有4.6%左右的居民觉得冷。相比之下，对湿度和风速的感受分布更为集中，最多的人对湿度和风速的感受在1左右。因此，可以得出结论，室内有些潮湿，也有些气流。

表3-43 居民室内热感受统计参数

温度		湿度		风速	
很热	3	很潮湿	3	风很大	3
温暖	2	潮湿	2	有风	2

续表3-43

温度		湿度		风速	
稍暖	1	有点潮湿	1	有点风	1
一般	0	一般	0	一般	0
稍冷	−1	有点干燥	−1	有点闷	−1
冷	−2	干燥	−2	闷	−2
非常冷	−3	非常干燥	−3	非常闷	−3

表3-44 居民当前热感受描述统计值

热感受类型	样本数量	最小值	最大值	平均值	标准差
温度	65	−2	3	1.400	1.297
湿度	65	−1	3	0.950	0.799
风速	65	−2	3	0.970	0.918

在了解居民当前热感受的基础上，进一步对他们的热期望值进行了调查，分为温度、湿度、风速三部分，每一部分设置了三级指标，采用−1~1进行分级统计分析，具体结果见表3-45。根据问卷调查结果，可以得出表3-46，从中可以看出，当地居民对室内环境的温度、湿度和风速都期望得到改善，希望室内温度能更低，湿度更低，风速更大。

表3-45 居民热期望统计参数

温度		湿度		风速	
更热一点	1	更潮湿一点	1	风更大一点	1
维持现状	0	维持现状	0	维持现状	0
更冷一点	−1	更干燥一点	−1	风更小一点	−1

表3-46 居民热环境期待描述统计值

热感受类型	样本数量	最小值	最大值	平均值	标准差
温度	65	−1	1	−0.710	0.551
湿度	65	−1	1	−0.660	0.538
风速	65	−1	1	0.800	0.474

3.3.2.4 受访者的室内通风感受

根据问卷调查，图3-86（a）显示52.30%的受访者每天在室内的时间为8~12h，33.85%的受访者每天在室内的时间超过12h，仅有13.85%的受访者每天在室内居住的时间不超过8h。因此，改善室内通风情况和提高室内空气质量尤为重要。如图3-86（b）所示，仅在自然通风状况下，47.69%的受访者觉得室内空气不新鲜，21.54%认为比较闷，29.23%认为还好，只有1.54%觉得新鲜。研究发现，超过六成受访者认为空气品质较差，需求迫切改善室内空气品质。

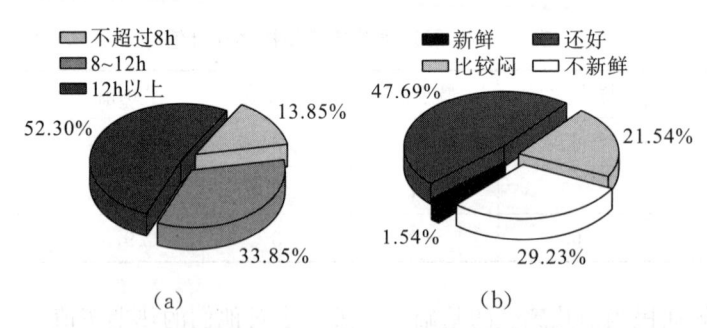

图3-86 西昌地区居民室内居住时间及室内空气感受图
(a) 室内居住时间；(b) 室内空气感受

如图3-87（a）所示，问卷也对客厅的空气感受进行了调查，46.15%的居民在厨房烹饪时能经常在客厅里感受到油烟味，47.70%的居民偶尔感受到，仅有6.15%的居民没有感受到。图3-87（b）表明，有69.23%的居民很少或几乎不开窗通风，21.54%的居民偶尔开窗，仅有9.23%的居民经常开窗通风。缺乏新鲜空气会危害人体健康，良好的室内通风情况有利于满足人体舒适和健康需求，并有助于降低空气中的病菌浓度。

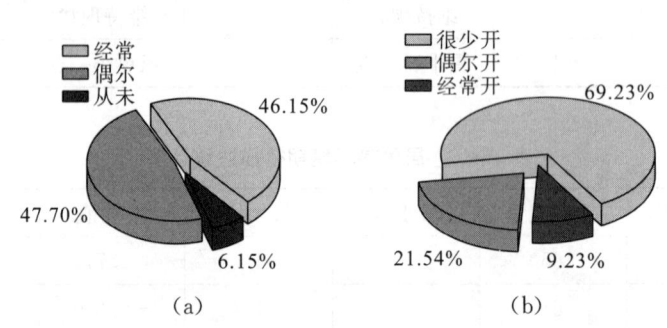

图3-87 西昌地区居民油烟感受与开窗通风习惯图
(a) 油烟感受；(b) 开窗通风的习惯

3.3.3 室内外热环境数据实测分析

3.3.3.1 案例选取

通过问卷调查初步了解了西昌市齿科波西乡的传统民居室内居住现状，再使用仪器实测室内环境数据来进行更深入的分析，并根据传统夯土民居的建筑特色、保留完整程度、测试的便利性、实际布点的可实施性以及居民的配合程度，选取了当地建筑进行室内环境相关物理量的数据实测，更进一步认识当地传统民居的室内环境现状。图3-88展示了选取的实测建筑。

图3-88 齿可波西乡夯土民居建筑案例实景图

该典型夯土建筑位于一处坡地，左右两侧及背面均有建筑相邻，民居呈一字矩形布局，建筑模型的长、宽、高分别用 L、W、H 表示，建筑尺寸为 8.5m（L）×6.0m（W）×4.5m（H），共1层，屋顶是西昌地区最常见的坡屋顶。入户大门和建筑唯一的窗户都设在西南立面，这与当地夏季主导风向相契合，门和窗的尺寸分别为850mm（W）×1660mm（H）、650mm（W）×730mm（H），如图3-89所示。该建筑内部空间没有使用内墙进行划分，厨房、卧室、客厅皆在同一空间内。

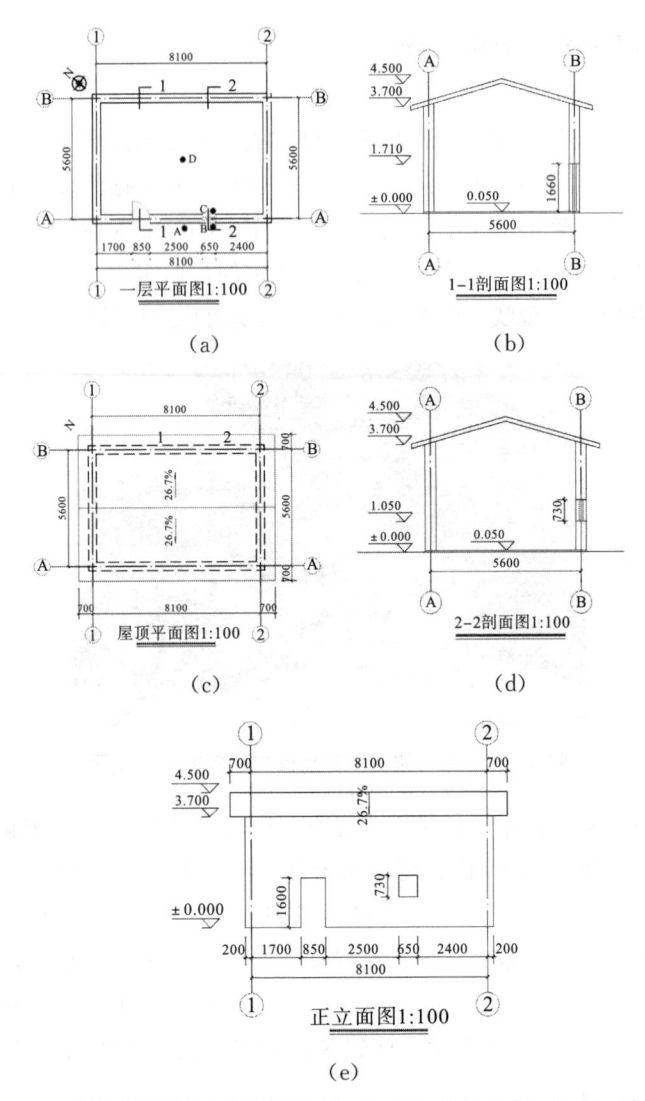

图3-89 实测建筑测绘图及测点布置（A-B：室外测点；C-D：室内测点）
（a）一层平面图；（b）1-1剖面图；（c）屋顶平面图；（d）2-2剖面图；（e）正立面图

3.3.3.2 建筑实测方案

确定了实测建筑物之后，于2021年7月18日至2021年7月20日，对该典型民居的室内外空气温度、室内外相对湿度、室外风速、太阳辐射强度、PM$_{2.5}$及CO$_2$浓度等进行实测。其中，室外空气温度、相对湿度的测点在室外距地面高度1.2m处布置，室内空气温度、湿度、PM$_{2.5}$及CO$_2$浓度的测点布置在房间中央距地面高度1.2m处。在进行太阳辐射测试时，为了避免太阳直射对测试结果造成影响，使用锡箔纸对仪器探头进行有效遮挡。太阳辐射强度的测试仪器设置于建筑屋顶附近，无遮阳构件遮挡。根据《民用建筑室内热湿环境评价标准》(GB/T 50785—2012)中基本参数测量的要求，测试时选择了较为晴朗并少云的天气。测试期间没有在测试房间使用通风供暖设备，夜间无人居住。实验测试仪器如图3-90所示。

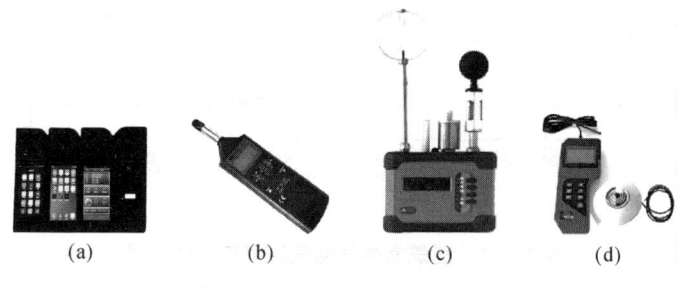

图3-90 实验测试仪器样图
(a) 手持气象站；(b) 手持式温湿度计；(c) 热舒适度仪；
(d) 四通道太阳辐射测试仪

3.3.3.3 建筑室内外实测结果分析

如图3-91所示，在当地气候的影响下，室外温度波动幅度较大，并且早晚温差也较大。相比之下，室内温度的变化幅度小，室内温度较为稳定，在夏季实测期间(7月18日至7月20日)，室外空气温度在早晨5:00左右降至一天中最低，为14.60℃，之后空气温度快速升高，直到13:00左右达到全天最高温度34.50℃，随后温度开始波动，从16:00开始迅速下降，20:00左右下降速度趋缓，全天的平均温度为22.08℃，波幅为19.90℃。室内空气温度的波动范围为17.30℃～25.60℃，波幅仅为8.30℃，平均温度为20.74℃，室内温度也在13:00左右达到全天最高。室内空气温度与室外空气温度的波动幅度相比，温度变化较为平缓，室内平均温度虽然低于室外平均温度，但也比较接近，见表3-47。

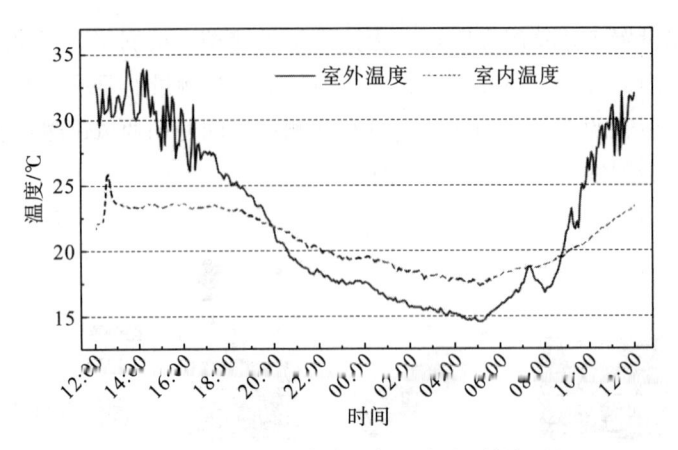

图 3-91　建筑室内外空气温度实测数据图

表 3-47　室内外空气温度特征值

类别	平均值/℃	峰值/℃	谷值/℃	波幅/℃
室内空气温度	20.74	25.6	17.3	8.3
室外空气温度	22.08	34.5	14.6	19.9

如图 3-92（a）所示，在测试期间，当室外温度低于 22℃时，室内空气温度值高于室外温度，根据测试数据，在约 46.7％的时间段里，室内温度高于室外温度，时间段主要集中在 20：20～9：30。也就是说，在该段测试时间中，全天有 53.3％的时间室内温度低于室外温度。图 3-92（b）展示了对室外空气温度和室内外空气温度差进行线性拟合的结果，二者呈现出正相关的关系，判定系数 R^2 及调整后的 R^2 均超过了 0.95，表示模型的拟合程度较好，具有良好的解释能力。由图可知，夏季室外空气温度越高，室内外温差越大，说明在夏季的高温环境下，厚重的夯土墙作为建筑的维护结构具有较好的保温隔热性能，能有效地隔离室外的高温，减缓室内空气温度的升高。

(a)   (b)

图3-92　室内外空气温度关系图

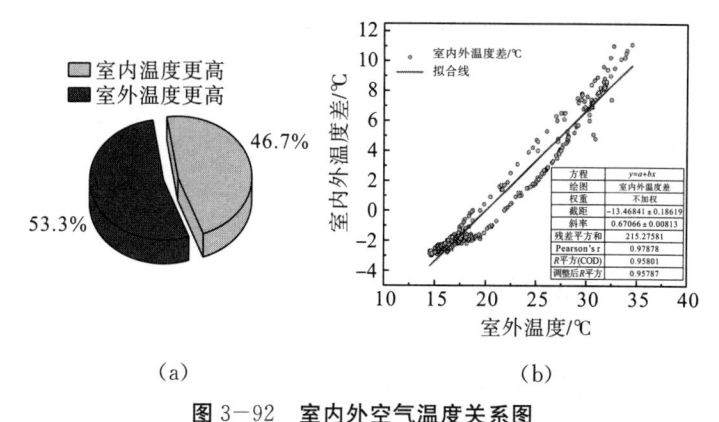

(a) 实测期间室内外空气温度大小比较；(b) 室内外温差与室外空气温度拟合图

图3-93所示为夏季实测期间（7月18日至7月20日）室内外空气相对湿度对比分析图。由图可知，室内外空气相对湿度的变化趋势与室内外空气温度的变化趋势相反，温度越高，相对湿度越低。测试期间的室内空气相对湿度平均值为79.16%，室外空气相对湿度平均值为74.18%，仅相差4.98%，但室外空气相对湿度的波幅比室内空气相对湿度更大。如表3-48所示，室外空气相对湿度的波动范围为36.70%~99.50%，波幅达到62.80%，而室内空气相对湿度波幅为37.40%，比室外相对湿度的变化幅度要平缓很多。在无人工冷热源的情况下，适宜的室内相对湿度范围为30%~70%。可知齿可波西乡地区民居现阶段夏季室内相对湿度较高，室内外的平均相对湿度都超过了适宜的区间。从图3-94（a）中可以看出，在测试期间，有43.28%的时间段，室外相对湿度在适宜的区间内，也就是说，在该段测试时间中，全天有56.72%的时间室内相对湿度不在舒适的范围内，时间段主要集中在20:20—10:30。如图3-94（b）所示，与室外相对湿度相比，室内相对湿度在舒适区间的时间段较少，仅有28.67%，时间集中在12:20—19:30，因此亟须降低室内相对湿度来改善室内的居住环境。而室外相对湿度情况明显好于室内，通过提高当地室内通风情况有利于室内相对湿度的降低。

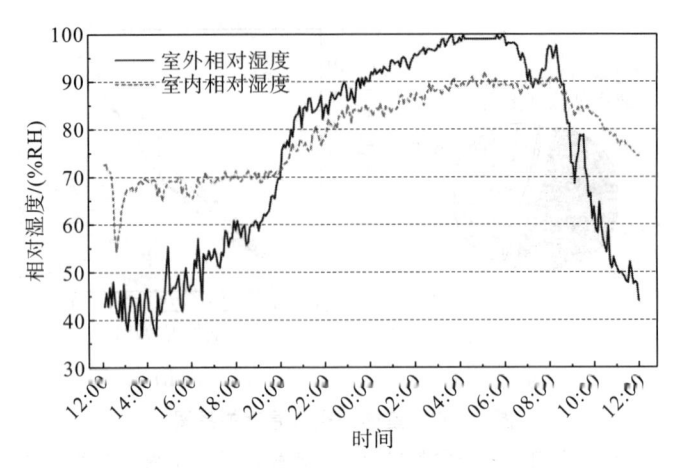

图 3-93 室内外空气相对湿度实测数据

表 3-48 室内外空气相对湿度特征值

类别	平均值/%	峰值/%	谷值/%	波幅/%
室内空气相对湿度	79.16	91.80	54.40	37.40
室外空气相对湿度	74.18	99.50	36.70	62.80

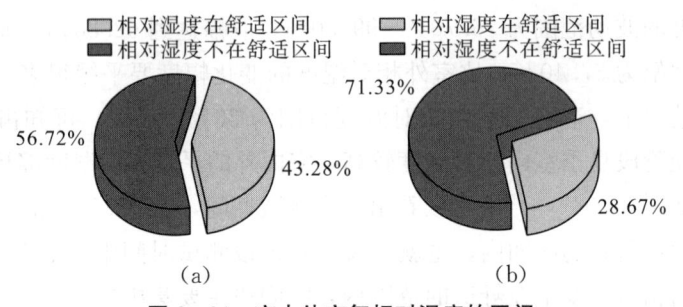

图 3-94 室内外空气相对湿度的区间
(a) 室外空气相对湿度；(b) 室内空气相对湿度

从图 3-95 中太阳辐射强度在 7 月 19 日至 7 月 20 日的变化趋势可以看出，从早上 6：30 左右，太阳辐射开始出现波动，与此同时，室外空气相对湿度开始呈现下降趋势，室内外温度开始上升。到 14：00 左右，太阳辐射达到测试期间的最大值，为 1185W/m²。同时，室外空气温度接近测试期间的峰值，室外相对湿度也接近最小值，室外温度和室外相对湿度受太阳辐射的影响很大。测试期间，太阳从早上 6：30 升起，直到 19：50 左右才完全落下，日照时间大于 13h，这说明该地区日照时间很长，太阳能资源较为丰富。

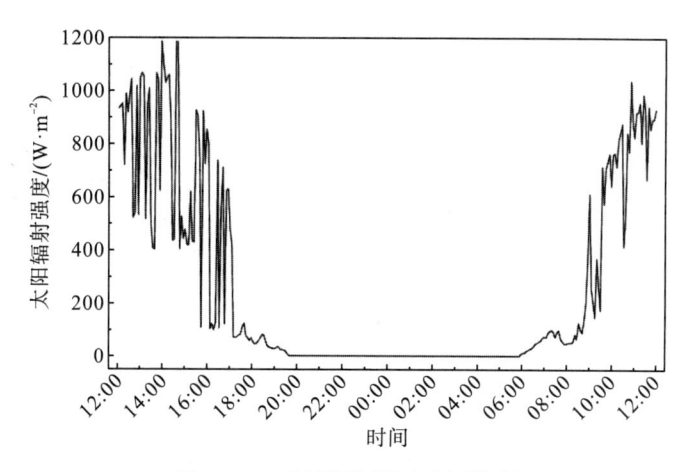

图 3-95 太阳辐射强度实测数据

室内空气污染物是影响室内空气品质的重要因素之一。空气中存在着一些难以用仪器检测到的低浓度污染物，在某些特定的室内温湿度环境下，可能会发生物理、化学反应，从而大大降低室内空气品质，影响人体健康。$PM_{2.5}$ 与 CO_2 浓度是一些常见的空气质量指标。本研究以 $PM_{2.5}$ 与 CO_2 浓度作为指标，对传统民居的夏季室内空气品质进行了现场实测。

图 3-96（a）～（c）分别表示典型民居的厨房在开启门窗情况下不同时间段的室内 $PM_{2.5}$ 浓度与 CO_2 浓度。如图 3-96（a）所示，在上午 8：00—10：00 时间段内，开启窗户通风 CO_2 浓度的平均值为 580.73mg/L，$PM_{2.5}$ 浓度的平均值为 22.74$\mu g/m^3$。由于烹饪早餐，在早晨 8：30 左右，$PM_{2.5}$ 的浓度达到最大值 109$\mu g/m^3$，CO_2 浓度在 9：00 左右达到了最大值 687.30mg/L。如图 3-96（b）所示，11：00—13：00 时间段内，开启窗户通风 CO_2 浓度的平均值为 1163.17mg/L，$PM_{2.5}$ 浓度的平均值为 213.05$\mu g/m^3$。在午餐烹饪时间，CO_2 浓度和 $PM_{2.5}$ 浓度值急剧上升，在 12：00 达到了测试期间中 $PM_{2.5}$ 浓度的峰值 765$\mu g/m^3$，CO_2 浓度值也持续上升，约半个小时后达到了峰值 1490.10mg/L。人体若是长时间处在这样的环境中，其对身体健康的影响很大，所以改善室内的通风情况十分重要。如图 3-96（c）所示，在 14：00—16：00 时间段内，开启窗户通风 CO_2 浓度的平均值为 631.85mg/L，$PM_{2.5}$ 浓度的平均值为 8.11$\mu g/m^3$。CO_2 浓度和 $PM_{2.5}$ 浓度的值都有下降，尤其是 $PM_{2.5}$ 的含量，这表明自然通风有利于提高室内空气品质。由上述分析可知，室内空气品质受人员活动的影响突出，与薪柴生火的炊事习惯密切相关，因此改变传统的薪柴生火方式或者改善室内通风情况可以提高空气品质，利于人体健康。

图 3-96 室内空气指标

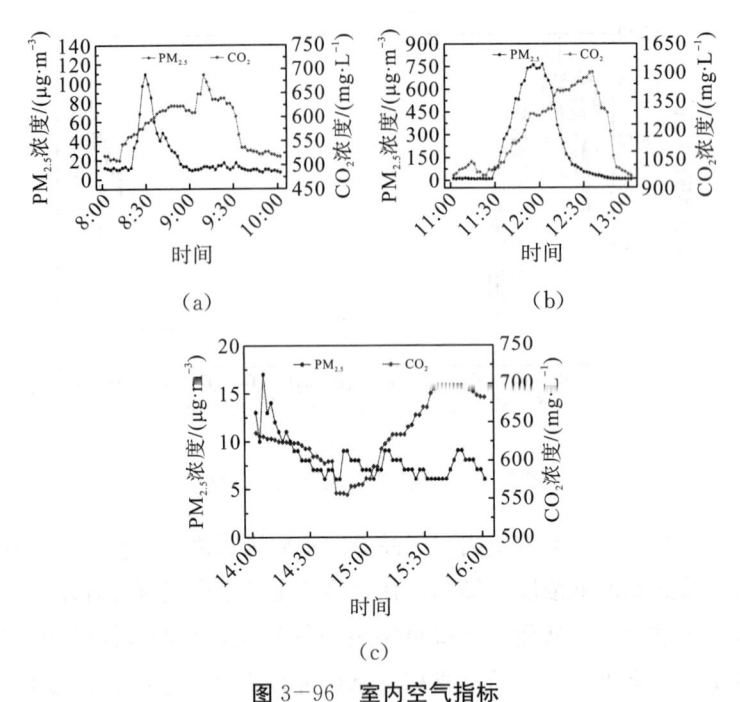

(a) 上午的 $PM_{2.5}$ 与 CO_2 浓度曲线；(b) 中午的 $PM_{2.5}$ 与 CO_2 浓度曲线；(c) 下午的 $PM_{2.5}$ 与 CO_2 浓度曲线

3.3.4 西昌地区传统民居的室内通风优化研究

结合前期现场调研和实测分析，西昌地区传统民居的室内通风和空气品质需要改善和提升。西昌地区拥有良好的风力资源，因此，基于文丘里效应在民居屋脊设计了文丘里帽进行强化自然通风的优化研究。

3.3.4.1 正交实验设计

(1) 影响因素及因素水平。

由于本节内容以西昌地区传统夯土建筑为基础案例进行研究，因此不将外部环境条件作为自变量，在模拟时直接选取西昌的气象文件作为边界条件进行研究。如图 3-97（a）所示，文丘里帽的结构主要分为三个部分：坡屋顶、格栅、导风板。结合前期研究基础，选取了西昌当地常见的墙体厚度及建筑尺寸，考虑到安装和改造时简单易行的需求共选取了 7 个影响因素作为研究自变量。如图 3-97（b）所示，包括屋顶开口宽度（屋顶开口的长度与屋脊长度一致）、屋顶坡度、导风板高度（导风板最低点距屋面开口处的垂直距离）、导风板宽度（导风板的水平宽度）、导风板角度（导风板与水平面形成的夹角）、格栅角度（格栅与水平面形成的夹角）、格栅间距（格栅页片之间的距离），每个因素都选取了4个水平,参数值见表3-49。其中屋顶开口宽度的研究水平为400mm、600mm、800mm、1000mm;屋顶坡度为15°、30°、45°、60°,导风板高度为200mm、400mm、600mm、800mm,导风板宽度为200mm、400mm、600mm、800mm,导风板角度为0°、15°、30°、45°,格栅角度为45°、60°、75°、90°,格栅间距为20mm、40mm、60mm、80mm。

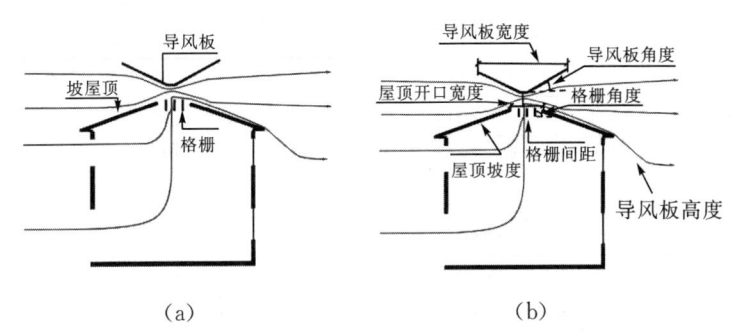

图3-97 文丘里帽示意图
(a)文丘里帽的主要结构;(b)文丘里帽主要结构参数

表3-49 因素水平

因素水平	屋顶开口宽度/m	屋顶坡度/°	导风板高度/mm	导风板宽度/mm	导风板角度/°	格栅角度/°	格栅间距/mm
1	400	15	200	200	0	45	20
2	600	30	400	400	15	60	40
3	800	45	600	600	30	75	60
4	1000	60	800	800	45	90	80

本节自变量共有7个因素、每个因素有4个水平,且不考虑因素间的交互作用。这7个因素为:(A)屋顶开口宽度;(B)屋顶坡度;(C)导风板高度;(D)导风板宽度;(E)导风板角度;(F)格栅角度;(G)格栅间距。每个因素都有4个不同的水平。如果进行全因素设计,需要4^7即16384次实验,因此,采用正交试验设计能在很大程度上减少试验的次数,提高试验效率。常用的正交试验设计可以查阅正交试验表,本节是使用SPSS25.0数据分析软件来进行正交试验设计。表3-50展示了正交试验设计的结果,共产生了32个试验方案。

表 3-50 正交试验设计方案及模拟结果

方案	屋顶开口宽度/mm	屋顶坡度/°	导风板高度/mm	导风板宽度/mm	导风板角度/°	格栅角度/°	格栅间距/mm	建筑高度/mm	体积流量/(m³·s⁻¹)	1.2m高平面温度/℃
N1	400(A1)	45(B3)	600(C3)	600(D3)	0(E1)	75(F3)	20(G1)	3843.43	3.399	32.86
N2	800(A3)	30(B2)	600(C3)	200(D1)	0(E1)	60(F2)	80(G4)	3415.69	4.563	31.92
N3	600(A2)	60(B4)	600(C3)	400(D2)	15(E2)	45(F1)	20(G1)	4392.25	3.553	33.09
N4	600(A2)	15(B1)	400(C2)	400(D2)	0(E1)	60(F2)	40(G2)	3372.69	4.576	32.91
N5	600(A2)	45(B3)	800(C4)	600(D3)	30(E3)	45(F1)	80(G4)	3793.43	4.015	32.71
N6	800(A3)	15(B1)	800(C4)	800(D4)	45(E4)	60(F2)	20(G1)	3345.90	4.297	32.55
N7	800(A3)	60(B4)	200(C1)	800(D4)	30(E3)	45(F1)	40(G2)	4305.64	3.447	33.16
N8	1000(A4)	15(B1)	600(C3)	800(D4)	15(E2)	90(F4)	80(G4)	3319.10	4.553	32.89
N9	600(A2)	45(B3)	800(C4)	800(D4)	0(E1)	90(F4)	40(G2)	3793.43	4.133	32.58
N10	1000(A4)	45(B3)	200(C1)	400(D2)	15(E2)	60(F2)	80(G4)	3693.43	4.458	31.79
N11	1000(A4)	60(B4)	400(C2)	600(D3)	30(E3)	60(F2)	20(G1)	4219.04	4.829	32.85
N12	400(A1)	15(B1)	200(C1)	200(D1)	0(E1)	45(F1)	20(G1)	3399.49	2.890	33.26
N13	1000(A4)	30(B2)	800(C4)	400(D2)	0(E1)	45(F1)	60(G3)	3386.83	4.651	32.48
N14	800(A3)	60(B4)	200(C1)	600(D3)	0(E1)	90(F4)	80(G4)	4305.64	4.105	32.55
N15	400(A1)	15(B1)	200(C1)	400(D2)	30(E3)	90(F4)	60(G3)	3399.49	3.887	32.52
N16	1000(A4)	45(B3)	200(C1)	200(D1)	45(E4)	75(F3)	40(G2)	3693.43	5.002	32.52
N17	400(A1)	60(B4)	800(C4)	200(D1)	15(E2)	60(F2)	40(G2)	4478.85	4.083	33.11
N18	400(A1)	60(B4)	800(C4)	400(D2)	45(E4)	75(F3)	80(G4)	4478.85	4.502	33.01
N19	600(A2)	60(B4)	600(C3)	200(D1)	45(E4)	90(F4)	60(G3)	4392.25	4.816	32.89
N20	1000(A4)	15(B1)	600(C3)	600(D3)	45(E4)	45(F1)	40(G2)	3319.10	4.804	32.57
N21	400(A1)	30(B2)	400(C2)	600(D3)	15(E2)	90(F4)	40(G2)	3473.43	3.888	32.66
N22	600(A2)	30(B2)	200(C1)	800(D4)	15(E2)	75(F3)	20(G1)	3444.56	4.103	32.83
N23	800(A3)	45(B3)	400(C2)	200(D1)	15(E2)	45(F1)	60(G3)	3743.43	4.628	32.10
N24	1000(A4)	30(B2)	800(C4)	200(D1)	30(E3)	90(F4)	20(G1)	3386.83	4.695	32.35
N25	800(A3)	30(B2)	600(C3)	400(D2)	30(E3)	75(F3)	40(G2)	3415.69	4.619	32.15
N26	600(A2)	15(B1)	400(C2)	200(D1)	45(E4)	75(F3)	80(G4)	3372.69	4.610	32.07
N27	800(A3)	15(B1)	800(C4)	600(D3)	15(E2)	75(F3)	60(G3)	3345.90	4.573	32.30
N28	400(A1)	45(B3)	600(C3)	800(D4)	30(E3)	60(F2)	60(G3)	3843.43	3.233	32.86
N29	600(A2)	30(B2)	200(C1)	600(D3)	45(E4)	60(F2)	60(G3)	3444.56	3.701	32.29
N30	1000(A4)	60(B4)	400(C2)	800(D4)	0(E1)	75(F3)	60(G3)	4219.04	4.431	32.39
N31	800(A3)	45(B3)	400(C2)	400(D2)	45(E4)	90(F4)	20(G1)	3743.43	4.369	32.76
N32	400(A1)	30(B2)	400(C2)	800(D4)	45(E4)	45(F1)	80(G4)	3473.43	2.370	32.84

(2) 物理模型的建立。

本节采用 Fluent 软件对西昌传统民居的室内空气流动特性进行模拟。凉山州彝族居民早期的居住习惯是人畜混住，到了现在也还有部分居民保留这种居住习惯，所以建筑对通风的需求很高。生土木构架建筑是凉山彝族中等阶层普遍居住的建筑类别。这种建筑是以柱、梁及木结构屋架作为房屋骨架，各构件之间以榫卯相连，墙体采用生土夯实的土墙，墙体厚度可达 350mm 以上。在学者对西昌黄联关镇民居形式的调查中发现，进深在 3.5~4.2m，面宽在 5.5~6.4m 的建筑在当地占比最大。如图 3-98 所示，该项研究选择 6.0m（L）×4.0m（W）的建筑进行研究。墙体厚度为 350mm，檐口高度为 3000mm，屋顶是 50mm 厚的木板铺上 30mm 厚的草泥。文丘里帽檐屋脊通常设置成格栅厚度为 10mm，格栅的宽与页片间隙等宽，以便于在不需要通风时关闭格栅。房间的其他墙壁上还有一个门洞，宽 1200mm，高 2000mm，用于提供室外气流。本节主要考虑西昌地区夏季室内自然通风情况的优化，因此模型采用西昌地区夏季主导风向。为了更好地显示这些参数的变化，按照主要结构对模型进行了分解。图 3-99 显示了屋顶、格栅和导风板的变化。

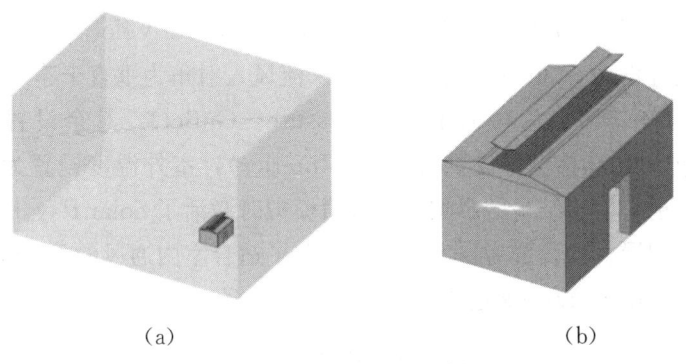

(a) (b)

图 3-98 CFD 数值模拟模型

(a) 完整模型；(b) 局部模型

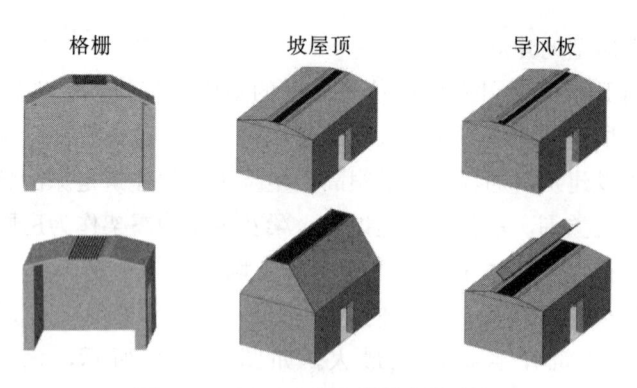

图 3-99 文丘里帽主要结构的变化

（3）物理模型的设置。

文丘里帽的格栅页片为木制，导风板材料为金属铝，室内地面材料为混凝土，室外地面为泥土，墙体为夯土墙，建筑材料物性见表 3-51。除了被视为理想气体的空气密度，建筑材料和空气所有必要热物理特性均假定为恒定。在数值模拟过程中使用的西昌地区的气象数据均来自中国标准天气文件 CSWD，适合我国西昌地区的气象特征。该模型外空气域的尺寸为 50m（L）×36m（W）×30m（H）。模型的进口边界条件为速度入口（Velocity-Inlet），风速根据气象文件设为 3.3m/s，在计算时，来流风入射角为垂直于建筑壁面方向，即入射角为 0°。出口为压力出口（Pressure-Outlet），其余设置为对称面（Symmetry）。门和格栅都设置为进口（Interior），室外温度设置为 26.85℃。考虑太阳辐射对模拟结果的影响，在数值模拟时激活了 Solar Ray Tracing，太阳直射和太阳漫射均设置为自动计算，选取了适合室内通风的 Realizable K-ε 湍流模型，采用 HeatFlux 边界类型进行模拟计算。

表 3-51 建筑材料物性

材料物性	密度 ρ_0/(kg·m^{-3})	传导率 λ/(W·m^{-1}·K^{-1})	比热容 C/(kJ·kg^{-1}·K^{-1})
土坯	1800	0.93	1.1
木材	500	0.14	2.51
铝	2719	202.4	0.871
混凝土	2300	1.51	0.92

（4）网格独立性验证。

网格数量与计算精度、计算时长有直接关系，从理论上来讲，网格数量越多，计算精度越高，计算所需的时间也越长，因此，在有限的计算资源条件下，计算结果多依赖于网格。为了排除网格密度对计算结果的影响，通常要使用不同疏密程度的网格进行预实验，评价计算结果偏差，此过程称为网格独立性验证。为了保证网格的独立性，在进行正式数值模拟之前使用了 4 套网格尺寸进行网格独立性验证，分别为 1347614（1#）、1919598（2#）、2269404（3#）、2651469（4#）。图 3-100 展示了 4 种不同网格划分情况下，计算收敛后的实验结果。通过比较计算结果可得：2# 与 1# 体积流量结果相差 40.83%，2# 与 3# 相差 1.65%，2# 与 4# 相差 0.26%，综合计算精度与计算时长进行考虑，最终选取了 1919598（2#），物理模型都采用了该种网格划分方式进行计算。

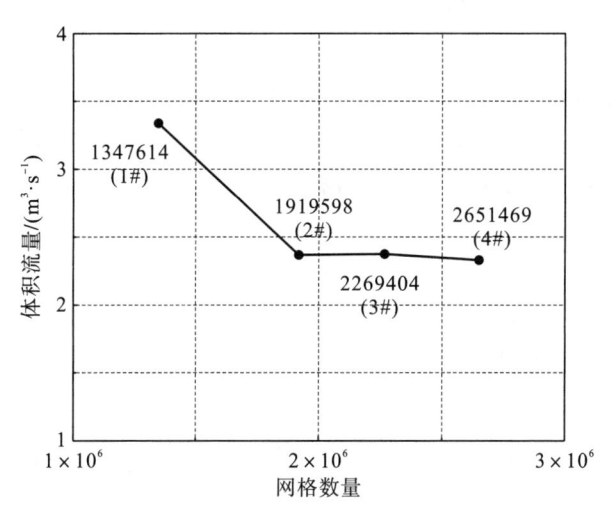

图 3-100　不同网格尺寸下的实验结果

如图 3-101 所示，模型采用六面体网格类型，对模型进行网格划分，软件自动计算的全局最小面网格为 48.828mm，全局最大面网格为 1000mm，在门洞、室内地面、墙面、屋顶局部面网格设置为 80mm，格栅、导风板局部面网格加密设置为 20mm，网格增长速度设置为 1.2，最小体网格为 20mm，最大体网格为 640mm，并设置三层边界来实现网格的合理过渡。

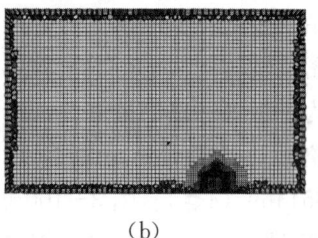

图 3-101 CFD 网格划分

(a) 面网格划分；(b) 体网格划分

3.3.4.2 实验结果分析

（1）正交试验结果分析。

为了改善建筑通风情况并得到最佳方案，需要进行正交试验。以体积流量为指标，利用 Fluent 软件对 32 个试验方案进行数值模拟，得出体积流量与室内空气温度，并进行极差分析，确定每个因素的最优水平。结合方差分析确定每个因素对通风性能的显著性，并对有显著影响的因素进行单因素分析，得到最优的文丘里帽参数组合方案。

对 32 种不同场景的试验方案进行数值模拟得到结果，随后对正交试验的数值模拟结果进行极差分析，以各因素的不同水平作为横坐标，以体积流量值作为纵坐标，画出各因素水平与体积流量的关系曲线（效应曲线图），可以根据各因素的体积流量取值，得到各因素的最优水平，如图 3-102 所示。在研究范围内，屋顶开口宽度越大获得的体积流量越大，导风板高度、导风板角度、格栅角度、格栅间距都是随着因素水平增大，体积流量先增加再减少，屋顶坡度则是随着因素水平增大，体积流量呈先下降后上升的趋势，而随着导风板宽度增加体积流量一直在减少。因此，为使文丘里帽装置的体积流量值最大，文丘里帽的最优参数组合应为屋顶开口宽度、屋顶坡度、导风板高度、导风板宽度、导风板角度、格栅角度、格栅间距分别为：1000mm（A4）、15°（B1）、800mm（C4）、200mm（D1）、45°（E4）、75°（F3）、40mm（G2）。

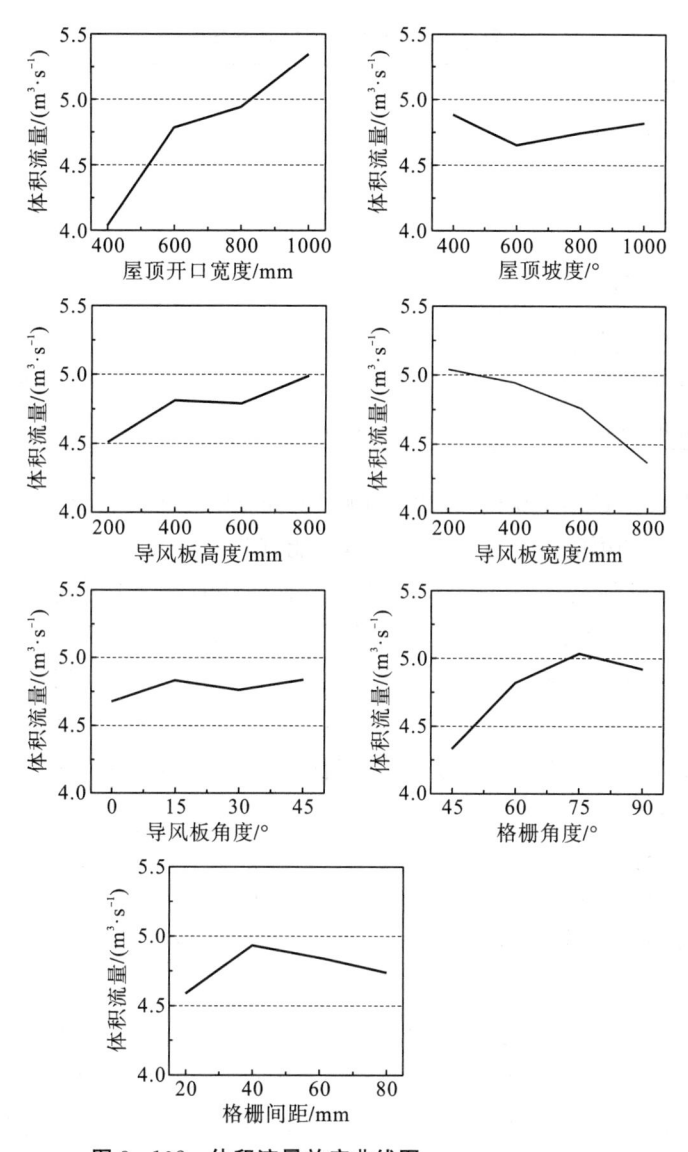

图 3-102 **体积流量效应曲线图**

为了得出文丘里帽各结构参数对室内通风情况影响程度的排序，在极差法的基础上继续使用方差法进行分析，使用 SPSS25.0 对体积流量的数据进行处理，得到了表 3-52 所示的方差分析。

表 3-52　体积流量的方差分析

因素	P	显著性
屋顶开口宽度	0.001	非常显著
屋顶坡度	0.737	不显著
导风板高度	0.224	不显著
导风板宽度	0.043	显著
导风板角度	0.860	不显著
格栅角度	0.037	显著
格栅间距	0.444	不显著

根据因素的 P 值来获得因素的影响程度和影响排名。若 $P<0.01$，则意味着有 99% 以上的可能性，该因素对整体性能有非常显著的影响；若 $0.01 \leqslant P \leqslant 0.05$，则可能性降至 95%~99%，该因素对整体性能有显著影响。若 $P>0.05$，则可能性降至 95% 以下，表明该因素的影响不显著。对不同结构参数的文丘里帽的模拟结果进行分析，根据 P 值可以得到：屋顶开口宽度的影响非常显著，格栅角度和导风板宽度的影响显著，其余因素影响不显著。具体的影响程度从大到小的排序为：屋顶开口宽度、格栅角度、导风板宽度、导风板高度、格栅间距、屋顶坡度、导风板角度。

在此正交试验结果分析中，每个因素的良好水平是相应较大的体积流量的水平。根据极差分析和方差分析结果可知，当屋顶开口宽度、屋顶坡度、导风板高度、导风板宽度、导风板角度、格栅角度、格栅间距分别为 1000mm（A4）、15°（B1）、800mm（C4）、200mm（D1）、45°（E4）、75°（F3）、40mm（G2）时，该方案为室内环境提供了最大的体积流量，将该场景命名为 N33（A4B1C4D1E4F3G2），如图 3-103 所示。因此，N33 被认为是这 33 种方案中的最佳选择，该方案中文丘里帽装置的体积流量为 $5.22\text{m}^3/\text{s}$，图 3-104 展示了 N33 的速度云图。同时，在相同场景下没有文丘里装置，1.2m 高度水平面的平均温度为 35.68℃，而在开启文丘里装置的情况下，该平面平均温度为 32.84℃，降低了 2.84℃。这表明文丘里帽通过对室内通风情况的改善降低了室内温度，对提高室内热舒适也起到了一定作用。

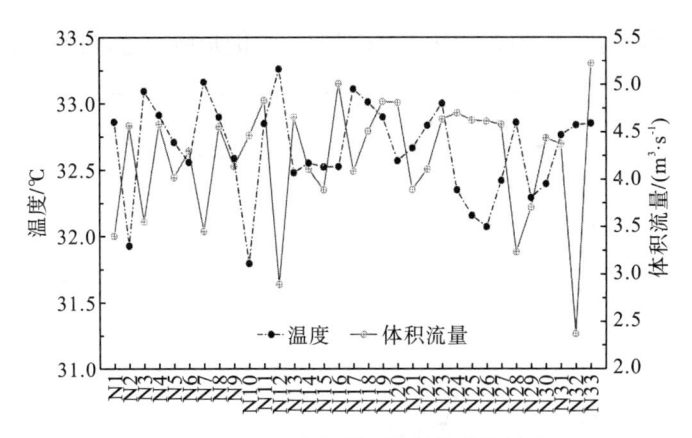

图 3-103　33 个场景下的数值模拟结果

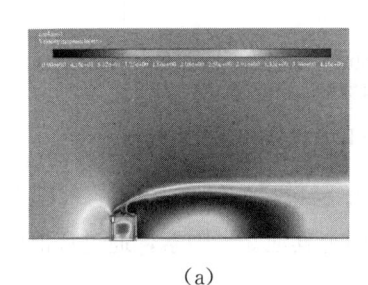

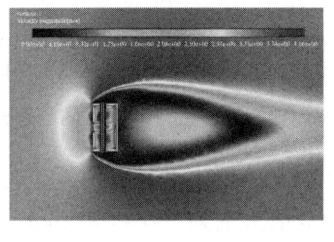

图 3-104　N33 场景的速度云图
（a）侧视图；（b）俯视图

（2）单因素分析。

根据方差分析结果可以得出结论，影响文丘里帽装置效果非常显著的因素是屋顶开口宽度，格栅角度和导风板宽度则是显著因素，而其他因素的影响并不显著。为了得到更优的参数组合，本节进行了更深入的研究，对有非常显著影响和显著影响的三个因素进行了单因素分析。

①非常显著因素分析：在 N33 的基础上，对非常显著的因素进行单因素研究，扩大屋顶开口宽度的取值范围到 0mm~2000mm，固定其他 6 个因素即屋顶坡度、导风板高度、导风板宽度、导风板角度、格栅角度、格栅间距的取值仍为 15°（B1）、800mm（C4）、200mm（D1）、45°（E4）、75°（F3）、40mm（G2），对该方案进行数值模拟获得文丘里装置的体积流量与室内 1.2m 高水平面的平均温度。如图 3-105 所示，屋顶开口在 0mm~2000mm 范围内变化时，文丘里帽体积流量的取值随着屋顶开口宽度的增加呈现先急剧上升后缓慢下降的变化趋势，在 1000mm 时取得最大值，体积流量值为 5.22m³/s，此时室内 1.2m 高水平面的平均温度为 32.84℃。这说明屋顶开口宽度取值在 0~

2000mm 范围内时，N33(A4B1C4D1E4F3G2)仍是研究范围内的最优组合。

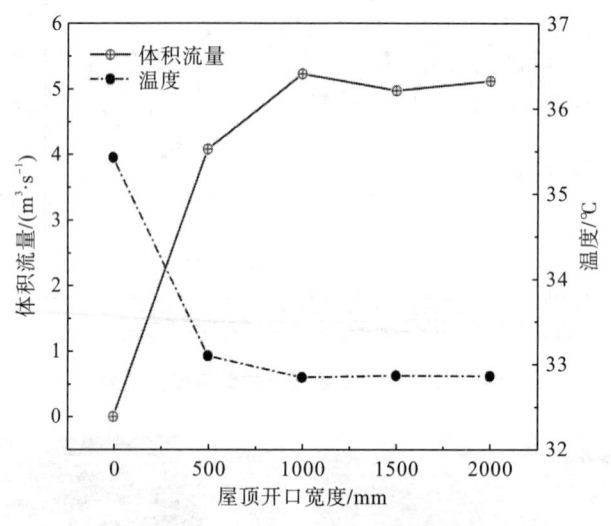

图 3-105 不同屋顶开口宽度的数值模拟结果

②显著因素分析：对显著因素进行单因素研究，在 N33 的基础上，扩大导风板宽度的取值范围到 200~1000mm，固定其他 6 个因素，通过数值模拟获得文丘里装置的体积流量与室内 1.2m 高水平面的平均温度。如图 3-106（a）所示，导风板宽度在 200~1000mm 范围内变化时，文丘里装置的体积流量在导风板宽度取值为 400mm 时的效果最好，体积流量值达到最大 5.507m³/s，此时室内 1.2m 高水平面的平均温度为 32.68℃。这说明导风板宽度在 200~1000mm 范围内时，体积流量随着导风板宽度的增大先增加后减少。导风板宽度在 200~800mm 范围内时，温度只有很小波动；导风板宽度取值为 1000mm 时，温度达到研究范围内的最大值。对格栅角度进行的研究与导风板宽度类似，将格栅角度的取值范围扩大到 30°~90°，固定其他 6 个因素，数值模拟结果如图 3-106（b）所示，可知当格栅角度为 75°时，体积流量达到最大值。这说明当格栅角度作为唯一变量，取值范围在 30°~90°时，N33(A4B1C4D1E4F3G2)仍是研究范围内的最优组合。基于上述单因素分析的结果，在 N33 方案的基础上，将导风板宽度调节至 400mm，得到了 N34（A4B1C4D2E4F3G2），此时屋顶开口宽度、屋顶坡度、导风板高度、导风板宽度、导风板角度、格栅角度、格栅间距分别为 1000mm(A4)、15°(B1)、800mm(C4)、400mm(D2)、45°(E4)、75°(F3)、40mm(G2)。该方案得到了最大的体积流量 5.507m³/s。同时，在没有文丘里装置时，1.2m 高水平面的平均温度为 35.68℃，而在开启文丘里装置的情况下，该平面平均温度为 32.68℃，降低了 3.00℃。由此可见，开启文丘里装置能起到改善室

内通风情况的作用,并通过增加通风量带走室内多余湿热达到降低室内温度、提高室内热舒适的目的。

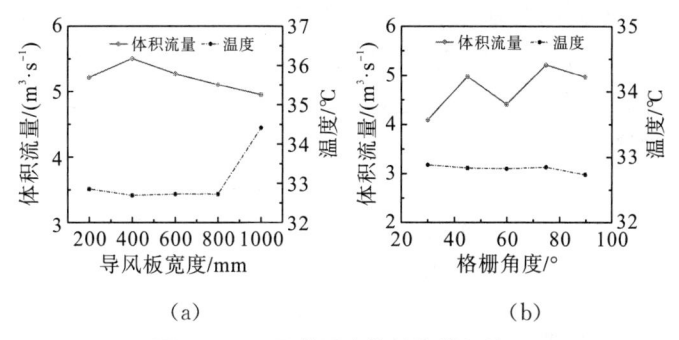

图3-106 显著因素的数值模拟结果

(a) 不同导风板宽度的数值模拟结果;(b) 不同格栅角度的数值模拟结果

3.3.4.3 验证模型的建立与分析

(1) 验证模型的建立。

通过文献资料和实地调研得知当地传统夯土建筑的室内通风情况亟须得到改善,并由此基于文丘里效应对当地传统民居的室内通风情况进行优化研究。根据实测绘制建筑平立面图和测点布置图,在CFD软件中使用Space Claim建立建筑的物理模型,如图3-107所示,目标建筑的尺寸为8.50m(L)×6.00m(W)×4.50m(H),房间的墙壁上有一个门和一扇窗用于提供室外气流,门的尺寸为850mm(W)×1660mm(H),窗的尺寸为650mm(W)×730mm(H)。模型的平面尺寸、功能布局、层高、构造做法等均按照实际情况进行设置。

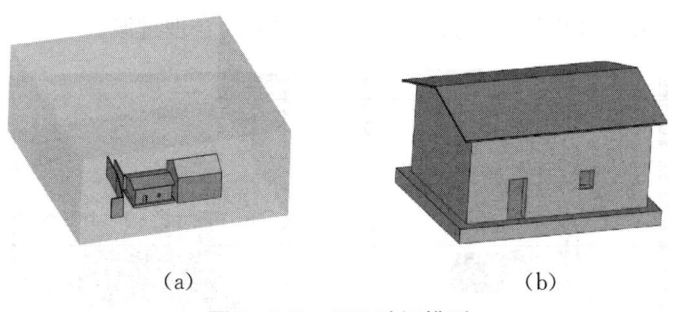

图3-107 CFD验证模型

(a) 完整模型;(b) 局部模型

(2) 网格独立性验证。

为了排除网格密度对计算结果的影响,使用了4套疏密程度不同的网格系统，并比较不同网格系统下的计算结果。4套网格系统的网格数量分别为1819573（1#）、3073357（2#）、4415266（3#）、5333681（4#），图3-108展示了4种不同网格划分情况下，计算收敛后的实验结果。3#与1#体积流量结果相差10.743%，3#与2#相差5.065%，3#与4#相差0.327%，对计算精度与计算时长进行综合考虑，最终选取了4415266（3#），验证模型都采用了该种网格划分方式。

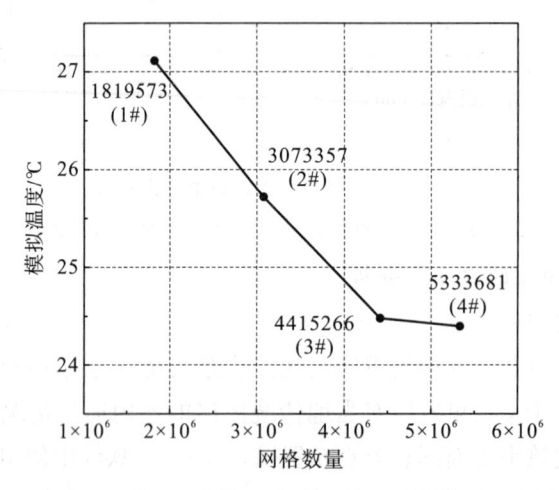

图3-108 不同网格尺寸下的室内测点温度

如图3-109所示，前处理阶段采用六边形网格类型对模型进行网格划分。门洞、室内地面、墙面、屋面局部表面网格设置为90mm，窗局部表面网格设置为30mm，网格增长速度设置为1.2。由软件计算得出，全局最小曲面网格为72.976mm，最大曲面网格为1000mm，最小体积网格为30mm，最大体积网格为960mm，并设置三层边界，以实现网格的合理过渡。

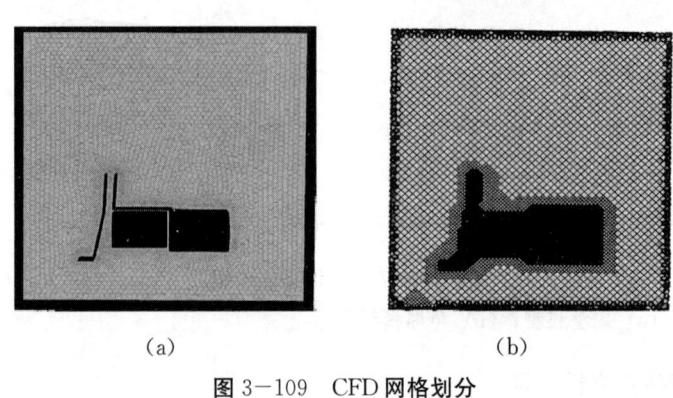

图3-109 CFD网格划分
(a) 面网格划分；(b) 体网格划分

(3) 验证模型的设置。

在数值模型验证时，考虑到周围建筑对阳光的遮挡，选取太阳高度角较大的时间（12：00—13：00）进行模拟试验，以尽量减少周围建筑对阳光的遮挡从而减小模拟结果与实测数据之间的误差。对于研究对象附近的一些建筑物，也建立了简化的模型，以减小模拟场景与实际情况之间的差别。

通过咨询西昌地区居民并结合实测建筑得到建筑构造材料及做法。建筑具体构造形式设置见表3-53。表3-53也总结了主要建筑材料的物理性能。建筑室内地面材料为混凝土，室外地面材料为泥土，建筑外墙为夯土墙，建筑屋面为木结构屋面。除被认为是理想气体的空气密度之外，建筑材料和空气的所有必要的热物理性质都假定是恒定的。模型外空气区尺寸为55m（L）×50m（W）×20m（H）。模型的进口边界条件为速度入口（Velocity-Inlet），出口为压力出口（Pressure-Outlet），其余设置为对称面（Symmetry）。门和窗都设置为进口（Interior）。本节主要考虑西昌地区夏季室内自然通风情况的优化，因此模型采用西昌地区夏季主导风向。在数值模拟计算时，来流风入射角垂直于建筑壁面方向，即入射角为0°。

表3-53 建筑材料物理性能

构造名称	构造材料	厚度 d/mm	密度 ρ_0/ (kg·m^{-3})	传导率 λ/ (W·m^{-1}·K^{-1})	比热容 C/ (kJ·kg^{-1}·K^{-1})
建筑外墙	黏土	400	1800	0.93	1.01
建筑屋顶	木板	20	1800	0.93	1.01
建筑屋面	木板	50	500	0.14	2.51
室内地面	混凝土		2300	1.51	0.92
室外地面	泥土		1800	0.93	1.01

在数值模拟过程中，使用的西昌地区的室外温度、风速与太阳辐射强度等气象数据以及坐标信息均来自现场实测数据。太阳辐射强度采用7月19日12：00—13：00和7月20日12：00—13：00实测的平均太阳辐射强度。室内和室外温度为两个时段的实测平均温度，室外温度分别为30.55℃和30.08℃，室内温度分别为23.50℃和23.03℃。该时间段的室内外温度和太阳辐射强度如图3-110所示。风速也使用该时期的平均风速。验证模拟使用实测建筑和实测数据，选择的计算模型与文丘里帽最优参数组合的模拟研究相同。考虑太阳辐射对模拟结果的影响，在数值模拟时激活了Solar Ray Tracing，选取了适合室内通风的Realizable K-ε湍流模型，采用Heat Flux边界类型进行模拟计算。

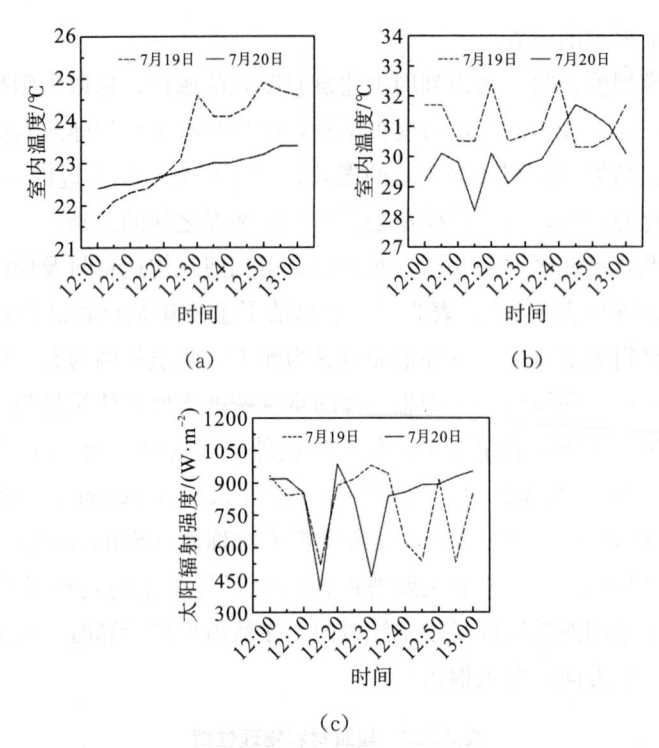

图 3-110 模拟时间段的实测数据

(a) 室内温度；(b) 室外温度；(c) 太阳辐射强度

(4) 验证模型的结果。

图 3-111 所示为模拟结果的速度云图。模拟得到的平均温度分别为 22.69℃ 和 24.48℃。如表 3-54 所示，通过对比测点 D 的模拟温度和实测温度，可以得出模拟误差分别为 3.45% 和 6.30%，误差均在 10% 以内，属于可以接受的范围。数值模拟结果表明，此种模型在该项研究中是适用的。

(a)   (b)

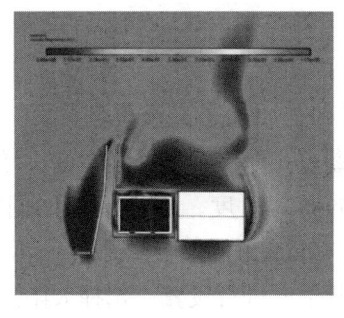

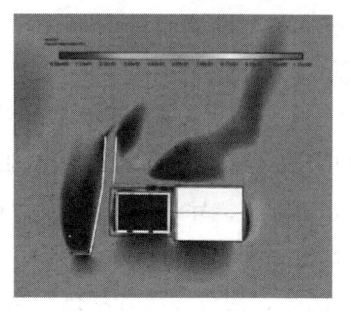

图 3-111　1.2m 水平高度处速度云图

(a) 7月19日模拟结果；(b) 7月20日模拟结果

表 3-54　模拟数据及仿真结果

时间段	太阳辐射/ (W·m^{-2})	风速/ (m·s^{-1})	室外温度/ ℃	室内温度/ ℃	模拟温度/ ℃	误差/%
7月19日 12：00—13：00	773.00	0.40	30.55	23.50	22.69	3.45
7月20日 12：00—13：00	814.50	0.50	30.08	23.03	24.48	6.30

(5) 验证模型的误差分析。

建筑室内温度的实测数据与模拟结果的误差都在10%以内，7月19日的实测数据与模拟结果仅相差0.81℃，7月20日的误差为1.45℃，对于误差的形成，进行了如下的分析：

①在CFD软件中建立的数值模拟模型不能完全还原传统夯土建筑的建造方式，并且真实建筑的气密性也达不到理想程度，不可避免会出现空气渗透，因此在进行数值分析时与实际的传热方式存在差异。

②实测环境比模拟环境更加复杂，还会受到更远处的地形环境、植被条件及建筑物等因素的影响。

③实测过程中已经尽量减少室内的热源干扰，但家电设备的散热、测试仪器的布置、测试人员的散热等对室内环境测试数据的结果仍会产生影响。

由于数值模拟结果是理想情况下得到的结论，而在真实条件下传统民居的室内情况会受到建筑内部和外部各种因素的影响，因此，数值模拟的误差在可接受范围内时，该模型能用于模拟分析西昌地区民居的室内情况。

3.3.4.4 预测模型的建立与分析

（1）预测模型的建立。

如图 3-112 所示，在验证模型的基础上添加了文丘里帽装置，文丘里帽的结构参数采取了已经得到的最优结构参数，即屋顶的开口宽度、导风板的宽度、导风板的高度、导风板的角度、格栅的角度、格栅页片的间距分别为 1000mm、800mm、400mm、45°、75°、40mm。数值模型的平面尺寸、功能布局、建筑层高、构造做法等均按照实测情况进行设置。选择太阳高度角最大的时间段（12：00—13：00）进行模拟试验，以减小周围建筑对阳光的遮蔽来降低对模拟结果的影响。对于研究对象紧邻的建筑物，也建立了简单的模型，以减小模拟结果的误差。

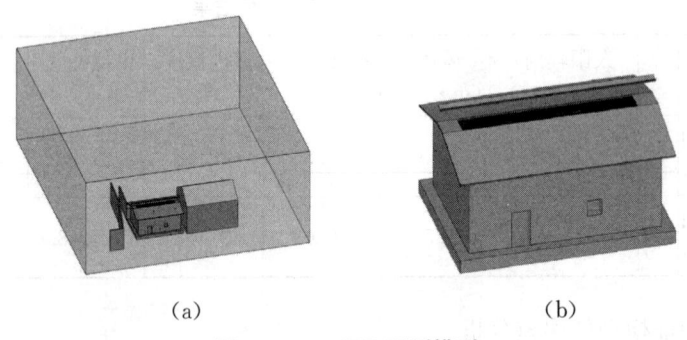

(a)   (b)

图 3-112 CFD 预测模型

(a) 完整模型；(b) 局部模型

（2）验证模型的设置。

如表 3-55 所示，对主要建筑材料的物理性能以及建筑材料的厚度进行了总结。建筑室内地面材料为混凝土，室外地面材料为土，墙体为夯土墙，屋面为木结构屋面，导风板材料为金属铝，格栅为木质。

表 3-55 建筑材料的物理性能

构造名称	构造材料	厚度 d/mm	密度 ρ_0/(kg·m^{-2})	传导率 λ/(W·m^{-1}·K^{-1})	比热容 C/(kJ·kg^{-1}·K^{-1})
外墙	黏土	400	1800	0.93	1.01
屋顶	黏土	20	1800	0.93	1.01
屋顶	木板	50	500	0.14	2.51
室内地面	混凝土		2300	1.51	0.92
室外地面	黏土		1800	0.93	1.01

续表3-55

构造名称	构造材料	厚度 d/mm	密度 ρ_0/(kg·m^{-2})	传导率 λ/(W·m^{-1}·K^{-1})	比热容 C/(kJ·kg^{-1}·K^{-1})
导风板	铝	8	2719	202.4	0.871
格栅	木板	10	500	0.14	2.51

除被认为是理想气体的空气密度外,建筑材料和空气的所有必要的热物理性质都假定是恒定的。建筑模型和模型外空气域尺寸分别为8.5m（L）×6.0m（W）×4.5m（H）和55.0m（L）×50.0m（W）×20.0m（H）。模型的进口边界条件为速度入口（Velocity-Inlet）。出口为压力出口（Pressure-Outlet），其余设置为对称面（Symmetry）。门窗和格栅都设置为进口（Interior）。预测模型模拟过程中使用的西昌地区的气象数据和坐标信息均来自实测数据。考虑太阳辐射对模拟结果的影响，在数值模拟时激活了Solar Ray Tracing，选取适合室内通风的Realizable K-ε湍流模型，采用Heat Flux边界类型进行模拟计算。

如图3-113所示，采用六边形网格类型对模型进行网格划分。门、室内地板、墙面、屋面局部表面网格设置为90mm，格栅和窗局部表面网格设置为30mm，网格增长速度设置为1.2。软件计算得出全局最小曲面网格为67.9mm，最大曲面网格为1000mm。最小体网格为30mm，最大体网格为960mm，设置三层边界，以实现网格的合理过渡。该次模拟所用的实测数据和计算模型与验证模型相同。

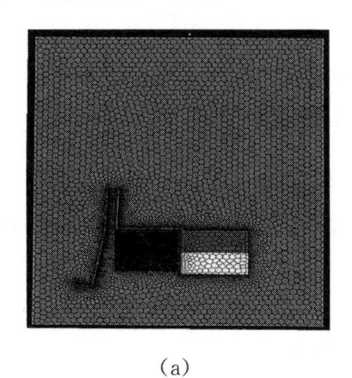

(a)　　　　　　　(b)

图3-113　CDF网格划分

(a) 面网格；(b) 体网格

(3) 数值模拟的结果。

对加装文丘里帽之后的预测模型进行了模拟，得到的7月19日和7月20

日 12：00—13：00 时间段内测点 D 的平均温度分别为 22.32℃和 22.28℃。图 3-114 为室内 1.2m 水平高度处的速度云图，从俯视的角度可以看出该平面不同区域的气流速度变化情况，对比未加装文丘里帽时的速度云图可知，增加文丘里帽装置之后，室内空气流动速度明显加快。图 3-115 展现了文丘里帽的工作状态，可以直观地看出文丘里帽工作时屋脊处的气流得到了加速，表明文丘里效应在建筑中应用能起到促进自然通风的效果。

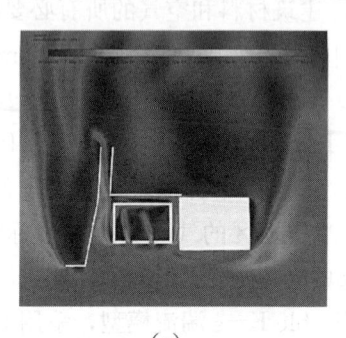

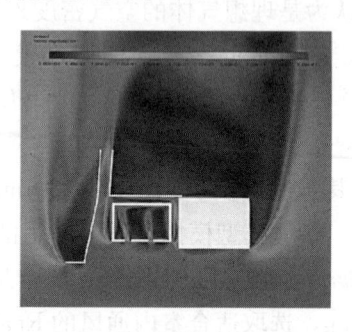

(a)　　　　　　　　　　　(b)

图 3-114　1.2m 水平高度处的速度云图

(a) 7 月 19 日模拟结果；(b) 7 月 20 日模拟结果

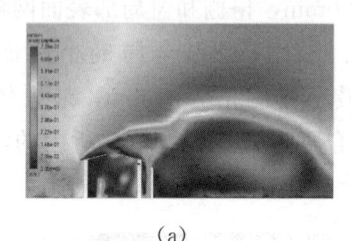

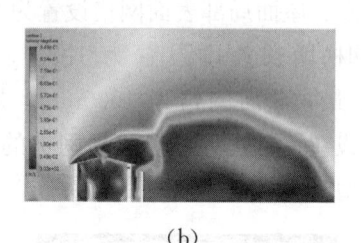

(a)　　　　　　　　　　　(b)

图 3-115　侧视速度云图

(a) 7 月 19 日模拟结果；(b) 7 月 20 日模拟结果

如表 3-56 所示，通过对比传统夯土建筑的实测温度和加装文丘里帽装置后测点 D 的模拟温度可知：文丘里帽装置使室内温度在 7 月 19 日和 7 月 20 日分别从 23.50℃ 和 23.03℃降至 22.32℃和 22.28℃，文丘里帽装置的体积流量分别为 0.811m^3/s 和 1.097m^3/s，表明文丘里帽对当地传统夯土民居的室内通风情况和室内温度都能起到一定的改善作用。

表 3-56　模拟数据及仿真结果

时间段	太阳辐射 (W·m^{-2})	风速 (m·s^{-1})	室外温度/ ℃	室内温度/ ℃	模拟温度/ ℃	误差/ %
7月19日 12:00—13:00	773.00	0.40	30.55	23.50	22.32	0.811
7月20日 12:00—13:00	814.50	0.50	30.08	23.03	22.28	1.097

3.3.4.5　方案结果分析

换气次数可以用于衡量空间稀释情况的好坏，也是通过稀释达到混合程度的重要参数，还是估算空间通风量的依据。对于确定功能的空间，可以根据换气次数和房间容积来估算房间的通风换气量，居住建筑换气次数的经验值可以按照表 3-57 来选取。

表 3-57　居住建筑设计最小换气次数

人均居住面积	每小时换气次数
S≤10m²	0.70
10m²<S≤20m²	0.60
20m²<S≤50m²	0.50
S>50m²	0.45

换气次数的大小不仅与房间的使用性质有关，也与房间的体积、高度、位置、送风方式以及室内空气变差的程度等许多因素有关，是一个经验系数。换气次数可由下式计算得到：

$$N = L/V \quad (3-1)$$

式中，N 表示空间的换气次数，次/h；L 表示通风量，m³/h；V 表示房间容积，m³。

通风量的单位也可以通过式（3-2）进行换算：

$$Q = 3600L \quad (3-2)$$

式中，Q 表示通风量，m³/s。

根据建筑的实测尺寸（8.5m×6.0m×4.5m）和墙体厚度（400mm），可以估算出该建筑的室内容积 $V=166.628$m³，该建筑常住人口为 3 人，经计算人均居住面积取值范围为 10m²<S≤20m²，因此每小时最小换气次数 $N_{min}=0.6$ 次。根据式（3-1）和式（3-2）可以计算得到建筑的最低通风量 $Q_{min}=$

0.028m³/s。

如表 3-58 所示,对验证模型和预测模型开口处的体积流量进行研究,发现在文丘里帽装置的作用下,门和窗的体积流量都有不同程度的增加。7月19日进入室内的新风量从 0.045m³/s 增加到了 0.809m³/s,7月20日进入室内的新风量从 0.061m³/s 增加到了 1.096m³/s。这就表明文丘里帽对于室内通风情况的改善效果明显,使用文丘里帽带来的新风量远大于建筑所需的最小通风量,既满足了通风需求,又有助于降低室内温度,既迎合了当地的居民需求,又符合绿色建筑的发展理念。

表 3-58 验证模型与预测模型开口处的体积流量

时间段	验证模型门 ($m^3 \cdot s^{-1}$)	验证模型窗 ($m^3 \cdot s^{-1}$)	预测模型门 ($m^3 \cdot s^{-1}$)	预测模型窗 ($m^3 \cdot s^{-1}$)	文丘里帽 ($m^3 \cdot s^{-1}$)
7月19日 12:00—13:00	-0.045	0.041	-0.623	-0.186	0.811
7月20日 12:00—13:00	-0.061	0.053	-0.836	-0.260	1.097

注:负值表示气流入建筑,正值表示气流出建筑

夯土墙在我国应用广泛,优点是取材方便、造价低廉、保温隔热性好,但强度和耐久性差,导致通风开口小。根据规范,自然通风房间的通风开口应不小于地板面积的 5%。试验建筑的通风开口面积不符合规范要求,但添加文丘里帽可满足规范要求,增加新风量并增大通风面积,对于传统民居的更新与发展有重要意义。

3.3.5 结论

本节通过分析西昌地区传统民居的地理气候条件和建筑形态,总结出了文丘里帽在该地区的适用性。进行实地调研和数据实测,并使用 SPSS25.0 和 CFD 软件进行正交试验和数值模拟,得出了影响文丘里帽装置改善通风的关键因素和其影响程度顺序,以及研究范围内文丘里帽结构参数的最优组合。建立预测模型,得到了加装文丘里帽后的预测温度和体积流量,并对模拟结果进行分析,表明文丘里帽对室内通风情况的改善效果明显,为该地区室内通风情况的优化设计提供了参考。主要研究结论如下:

(1)西昌地区的太阳辐射强度大,日照时间长,风能资源较为丰富,为该地区民居利用文丘里帽改善室内通风情况提供了充分的自然资源条件。

(2)夏季传统民居的相对湿度较高,整个夏季的平均相对湿度都在 70%

以上。在测试期间，一天中有56.78%的时间室内相对湿度的值不在舒适范围内，有76.93%的受访者认为室内空气品质较差，有69.23%的受访者很少开窗或是几乎不开窗通风，有46.15%的居民觉得能经常在客厅里感受到油烟味，并且$PM_{2.5}$和CO_2在烹饪期间的浓度值已经超出了健康范畴，$PM_{2.5}$浓度的峰值为765μg/m³，CO_2浓度的峰值可以达到1490.10mg/L。实测数据与问卷调查结果相契合，当地室内通风情况亟待改善。

（3）以体积流量为研究目标，屋顶开口宽度对文丘里装置通风性能的影响非常显著，格栅角度和导风板宽度的影响显著，导风板的高度、格栅页片的间距、屋顶坡度、导风板角度的影响不显著。

（4）通过对非常显著因素和显著因素进行单因素研究得到了研究范围内的最佳方案，即屋顶开口宽度、屋顶坡度、导风板高度、导风板宽度、导风板角度、格栅角度、格栅间距分别为1000mm（A4）、15°（B1）、800mm（C4）、400mm（D2）、45°（E4）、75°（F3）、40mm（G2）时，体积流量达到5.507m³/s，1.2m高水平面的平均温度从35.68℃下降到了32.68℃，温度下降了3.00℃。

（5）建立预测模型进行模拟，得到了加装文丘里帽后的预测温度和体积流量，7月19日和7月20日模拟时间段的室内温度分别从23.50℃和23.03℃下降至22.32℃和22.28℃，下降了1.18℃和0.75℃，进入室内的体积流量也分别从0.045m³/s和0.061m³/s增加到了0.809m³/s和1.096m³/s。

（6）加装文丘里帽有效增强了建筑自然通风效果，降低了室内温度，扩大了通风开口面积，使实测建筑满足规范最低通风开口面积的要求。研究表明，文丘里帽有助于在夏季减少空调使用，实现节能减排，同时也能弥补夯土建筑通风开口面积过小的弊端，为未来传统民居的更新和发展提供了建议。

参考文献：

[1] 方志戎. 川西林盘聚落文化研究［M］. 南京：东南大学出版社，2013.

[2] Fanger P O. Thermal comfort analysis and application in environment engineering［M］. Copenhagen：Danish Technical Press，1970.

[3] 宗桦，周晔，李俊强. 城乡户外人居环境微气候研究现状、特点与展望［J］. 生态经济，2018，34（1）：145−152.

[4] Wang Y，Bakker F，de Groot R，et al. Effects of urban trees on local outdoor microclimate：Synthesizing field measurements by numerical modelling［J］. Urban Ecosystems，2015，18（4）：1305−1331.

[5] 郭滢蔓，徐佩，刘勤，等. 成都平原林盘的空间分布特征——以郫县为例［J］. 西南

师范大学学报（自然科学版），2017，42（5）：121−126.

[6] 段鹏，刘天厚. 蜀文化之生态家园 林盘［M］. 成都：四川科学技术出版社，2004.

[7] 王雪，杨柳，刘加平，等. 陕南山地民居夏季室内热环境与能耗特性［J］. 西安建筑科技大学学报（自然科学版），2018，50（4）：563−568.

[8] 刘向梅，刘大龙，刘加平. 三亚地区民居夏季室内热环境测试［J］. 建筑与文化，2018（7）：186−188.

[9] Hernández−lópez I，Xamán J，Chávez Y，et al. Thermal energy storage and losses in a room−Trombe wall system located in Mexico［J］. Energy，2016，109（8）：512−524.

[10] Ma Q，Fukuda H，Wei X，et al. Optimizing energy performance of a ventilated composite Trombe wall in an office building［J］. Renewable Energy，2019，134（9）：1285−1294.

[11] 王昭俊，何亚男，侯娟，等. 冷辐射不均匀环境中人体热响应的心理学实验［J］. 哈尔滨工业大学学报，2013，45（6）：59−64.

[12] Alheji Ayman Khaled B，郭娟利，管乃彦，等. 室内自然通风模拟在零能耗建筑中的应用——基于零能耗太阳能住宅原型数值模拟优化设计［J］. 建筑节能，2014，42（10）：13−17.

[13] Guo J，Guan N，Liu H. Numerical simulation of natural ventilation in a zero−energy building—Optimal design of zero-energy solar housing prototype based on numerical simulation［J］. Building Energy Conservation，2014（42）：13−17.

[14] 杨真静，徐亚男，彭明熙. 木板壁民居对湿热气候的适应性［J］. 土木建筑与环境工程，2016，38（4）：1−6.

[15] 张奥兵，赵金辉，海涵，等. 多效蒸发处理含盐污水系统中基于文丘里效应的负压装置的设计研究［J］. 真空科学与技术学报，2020，40（10）：971−977.

[16] Park B，Lee S. Investigation of the energy saving efficiency of a natural ventilation strategy in a multistory school building［J］. Energies，2020（13）：1746.

4 结论与展望

4.1 研究结论

通过对西南地区传统聚落与民居的微气候、室内外热环境等的研究，本书期望归纳出一套在建筑技术层面对自然村落、农村社区、乡村聚落和民居开展人居环境保护、更新及改善的思路和方法，为国家"十四五"规划中"双碳"目标的实现和乡村振兴发展提供理论和技术支撑。

4.1.1 多元融合，体现共性营建特性

西南地区地域广阔，地貌多样，有着瑰丽且丰富的地域文化，面对长期以来西南地区传统聚落与民居研究所面临的地域文化交错复杂，民族多元化等情况，综合运用建筑物理学、建筑环境学、人文地理学、统计学等专业知识，以绿色低碳的人居环境营建为共同点，基于地域文化、地形地貌和建筑形态等特色，构建以乡村聚落和民居为对象的寻找问题、分析问题和解决问题的路径，从而更好地为乡村振兴和国家"双碳"目标服务。

诚然该路径弱化了建筑本身的文化特色在研究中的比重，但能够将建筑本身的建筑学特征充分表现，使得同一区域内不同文化载体的聚落与民居有了共性表达，能够在保证不改变其文化特征的前提下进行统一的地域性、系统性研究，能够在尊重地情实际和历史原真的前提下，形成相对完整而系统的分析逻辑。

4.1.2 交叉融合，体现学科解题新思路

当前，基于知识生产和人才培养的需要，学科交叉融合是大势所趋，全球广泛关注。建筑学专业面对新工科、乡村振兴和国家发展需求等多种复杂情况，学科发展和人才培养面临新的挑战和机遇，也需要创新思路和模式。西南地区乡村聚落和民居特色突出，资源丰富，充分体现了建筑环境学、生态学、人文地理学、建筑学、城乡规划学等多学科的交叉融合特点，通过不同角度对研究对象采用多元交叉的研究思路和方法，探索出一条较为新颖、实用可行的研究路径：寻找问题（调查问卷、田野调查、现场踏勘等）、分析问题（数据

统计分析、理论研究和数值模拟等）和解决问题（案例实证、理论和数值模拟等）。本书以西南地区乡村聚落和民居案例研究为重点，旨在解决社会实际复杂问题，助力国家发展需求，结合多学科交叉融合研究方法，提升设计应用类专业的学术思路，从而推动学科内涵发展和人才创新培养。

4.1.3 案例实证，丰富学科发展新内涵

针对西南地区乡村聚落和人居环境营造关键问题，以解决乡村存在的问题和改善居住环境为导向，对西南地区典型聚落——川西林盘、藏式民居、彝家新居等进行实际研究，聚焦聚落和民居的地域文化、环境资源、人文风俗、保护更新等因素分析，从建筑技术层面出发，在保证地情实情、传统特色的前提下，针对不同的地域需求提出具有普适性的绿色建筑设计策略，强调可持续性和被动手法，对聚落和乡村实现更新下的保护发展和建设，并注重推广价值和辐射影响力，通过科普推广活动和学生社会实践助力乡村建设工作。

4.2 研究思考

传统聚落与民居热环境的研究是一项繁杂而浩大的工程，本书中所涉及的内容仅仅是其中微不足道的一部分。在后续的工作中，笔者认为重要的地方还有很多。

4.2.1 期望与成果

由于地域、地貌、文化、民族等多方面影响，乡村聚落与民居的形成并非一日之功。乡村聚落与民居是人民生活的具象化符号，是中华传统文化的重要拼图，它经历了时间长河千百年的冲刷依旧存在于此，我们的任务是让它在未来的时间里依然璀璨，不被时光洪流所淹没。

"优化"相对于"修复"是更为艰难复杂的工作，基于表面的风貌修复只是保护与开发的最初级阶段，文化的延续、内涵的升华、价值的提升、动力的激活都是"优化"内容中的重要部分。此外，顺应时代背景的改造，必然要求对策略准适性和普及可行性等多方平衡的慎重推敲。因此，对于"优化"的期望，不能急功近利，应当放眼未来，追求更好更完美的成果。

4.2.2 保护与发展

保护与发展是每一项传统资源再利用策略出台前，决策者、规划者和执行者首先必须斟酌的重点方向。然而在实际工作中，"保护"未必能得到重视，"发展"未必能找到方向。

"保护"的重点是保护对象的实际主体，甚至于保护主体所在范围内的人工或自然环境，然而作为传统乡村文化及少数民族特色载体的传统民居与聚落需要得到更多的重视，只有聚集了足够多的目光，才能有能力、有条件将精力投入如何进行更有效、更长远的"发展"。本书中对乡村聚落与民居热环境提出的优化策略仅仅是其发展过程中需要注意的一部分，对于传统乡村的保护及发展需要更多学科共同努力。

4.3 研究展望

本书所包含的内容仅是深入研究的起步，由于篇幅及时间所限，对个别问题的分析和讨论并未能做到全面且深入，在今后的研究中，值得继续挖掘。

4.3.1 充实框架体系

本书所构建的"调研—实测—模拟—分析—优化"的研究思路，是针对西南部分地区乡村聚落与民居热环境研究过程的提炼与总结，但由于个人和团队的精力所限，必定存在对个别地域或特殊孤例的疏漏。因此，下一步的工作即是扩大研究范围，对部分特殊地域进行研究、分析，使现有的框架更加充实。

4.3.2 细化研究方法

目前，由于个人和团队能力所限，研究过程中适用的研究方法如问卷调查、模拟分析等并非完全是最适用的，虽然现有的研究方法能够达到研究目的，但是合适的研究工具是研究过程中必不可少的部分。因此，接下来的重要工作之一就是继续探究更为先进、完善且高效的研究方法，优化研究步骤，使得在保证研究质量的同时提高研究效率。

4.3.3 具化理念观点

保护传统民居、建立绿色乡村理念的真正实现，除书中涉及的建筑学科内容、地域民族文化、时事政策方针等条件外，还关系到来自多学科领域、多知识层面的通盘搭配与高效补充。发展绿色乡村不可能仅靠单一学科解决。因此，理念还需要在以后的研究中通过不同领域侧重的论证进一步完善。

附 录

《绿色建筑评价标准》(GB/T 50378—2019)(节选)[①]

3 基本规定

3.1 一般规定

3.1.1 绿色建筑评价应以单栋建筑或建筑群为评价对象。评价对象应落实并深化上位法定规划及相关专项规划提出的绿色发展要求；涉及系统性、整体性的指标，应基于建筑所属工程项目的总体进行评价。

3.1.2 绿色建筑评价应在建筑工程竣工后进行。在建筑工程施工图设计完成后，可进行预评价。

3.1.3 申请评价方应对参评建筑进行全寿命期技术和经济分析，选用适宜技术、设备和材料，对规划、设计、施工、运行阶段进行全过程控制，并应在评价时提交相应分析、测试报告和相关文件。申请评价方应对所提交资料的真实性和完整性负责。

3.1.4 评价机构应对申请评价方提交的分析、测试报告和相关文件进行审查，出具评价报告，确定等级。

3.1.5 申请绿色金融服务的建筑项目，应对节能措施、节水措施、建筑能耗和碳排放等进行计算和说明，并应形成专项报告。

3.2 评价与等级划分

3.2.1 绿色建筑评价指标体系应由安全耐久、健康舒适、生活便利、资源节约、环境宜居5类指标组成，且每类指标均包括控制项和评分项；评价指标体系还统一设置加分项。

3.2.2 控制项的评定结果应为达标或不达标；评分项和加分项的评定结果应为分值。

3.2.3 对于多功能的综合性单体建筑，应按本标准全部评价条文逐条对适用的区域进行评价，确定各评价条文的得分。

3.2.4 绿色建筑评价的分值设定应符合表3.2.4的规定。

---

① 住房和城乡建设部. 绿色建筑评价标准（GB/T 50378—2019）. 中国建筑工业出版社，2019.

附 录

表 3.2.4 绿色建筑评价分值

	控制项基础分值	评价指标评分项满分值					提高与创新加分项满分值
		安全耐久	健康舒适	生活便利	资源节约	环境宜居	
预评价分值	400	100	100	70	200	100	100
评价分值	400	100	100	100	200	100	100

注：预评价时，本标准第 6.2.10、6.2.11、6.2.12、6.2.13、9.2.8 条不得分。

3.2.5 绿色建筑评价的总得分应按下式进行计算：

$$Q = (Q_0 + Q_1 + Q_2 + Q_3 + Q_4 + Q_5 + Q_A)/10 \quad (3.2.5)$$

式中：Q——总得分；

Q_0——控制项基础分值，当满足所有控制项的要求时取 400 分；

$Q_1 \sim Q_5$——分别为评价指标体系 5 类指标（安全耐久、健康舒适、生活便利、资源节约、环境宜居）评分项得分；

Q_A——提高与创新加分项得分。

3.2.6 绿色建筑划分应为基本级、一星级、二星级、三星级 4 个等级。

3.2.7 当满足全部控制项要求时，绿色建筑等级应为基本级。

3.2.8 绿色建筑星级等级应按下列规定确定：

1 一星级、二星级、三星级 3 个等级的绿色建筑均应满足本标准全部控制项的要求，且每类指标的评分项得分不应小于其评分项满分值的 30%；

2 一星级、二星级、三星级 3 个等级的绿色建筑均应进行全装修，全装修工程质量、选用材料及产品质量应符合国家现行有关标准的规定；

3 当总得分分别达到 60 分、70 分、85 分且应满足表 3.2.8 的要求时，绿色建筑等级分别为一星级、二星级、三星级。

表 3.2.8 一星级、二星级、三星级绿色建筑的技术要求

	一星级	二星级	三星级
围护结构热工性能的提高比例，或建筑供暖空调负荷降低比例	围护结构提高5%，或负荷降低5%	围护结构提高10%，或负荷降低10%	围护结构提高20%，或负荷降低15%
严寒和寒冷地区住宅建筑外窗传热系数降低比例	5%	10%	20%
节水器具用水效率等级	3级	2级	2级
住宅建筑隔声性能	—	室外与卧室之间、分户墙（楼板）两侧卧室之间的空气声隔声性能以及卧室楼板的撞击声隔声性能达到低限标准限值和高要求标准限值的平均值	室外与卧室之间、分户墙（楼板）两侧卧室之间的空气声隔声性能以及卧室楼板的撞击声隔声性能达到高要求标准限值
室内主要空气污染物浓度降低比例	10%	20%	20%
外窗气密性能	符合国家现行相关节能设计标准的规定，且外窗洞口与外窗本体的结合部位应严密		

注：1　围护结构热工性能的提高基准、严寒和寒冷地区住宅建筑外窗传热系数降低基准均为国家现行相关建筑节能设计标准的要求。

2　住宅建筑隔声性能对应的标准为现行国家标准《民用建筑隔声设计规范》GB 50118。

3　室内主要空气污染物包括氨、甲醛、苯、总挥发性有机物、氡、可吸入颗粒物等，其浓度降低基准为现行国家标准《室内空气质量标准》GB/T 18883的有关要求。

5 健康舒适

5.1 控制项

5.1.1 室内空气中的氨、甲醛、苯、总挥发性有机物、氡等污染物浓度应符合现行国家标准《室内空气质量标准》GB/T 18883 的有关规定。建筑室内和建筑主出入口处应禁止吸烟，并应在醒目位置设置禁烟标志。

5.1.2 应采取措施避免厨房、餐厅、打印复印室、卫生间、地下车库等区域的空气和污染物串通到其他空间；应防止厨房、卫生间的排气倒灌。

5.1.3 给水排水系统的设置应符合下列规定：

　　1 生活饮用水水质应满足现行国家标准《生活饮用水卫生标准》GB 5749 的要求；

　　2 应制定水池、水箱等储水设施定期清洗消毒计划并实施，且生活饮用水储水设施每半年清洗消毒不应少于 1 次；

　　3 应使用构造内自带水封的便器，且其水封深度不应小于 50mm；

　　4 非传统水源管道和设备应设置明确、清晰的永久性标识。

5.1.4 主要功能房间的室内噪声级和隔声性能应符合下列规定：

　　1 室内噪声级应满足现行国家标准《民用建筑隔声设计规范》GB 50118 中的低限要求；

　　2 外墙、隔墙、楼板和门窗的隔声性能应满足现行国家标准《民用建筑隔声设计规范》GB 50118 中的低限要求。

5.1.5 建筑照明应符合下列规定：

　　1 照明数量和质量应符合现行国家标准《建筑照明设计标准》GB 50034 的规定；

　　2 人员长期停留的场所应采用符合现行国家标准《灯和灯

系统的光生物安全性》GB/T 20145 规定的无危险类照明产品；

3 选用 LED 照明产品的光输出波形的波动深度应满足现行国家标准《LED 室内照明应用技术要求》GB/T 31831 的规定。

5.1.6 应采取措施保障室内热环境。采用集中供暖空调系统的建筑，房间内的温度、湿度、新风量等设计参数应符合现行国家标准《民用建筑供暖通风与空气调节设计规范》GB 50736 的有关规定；采用非集中供暖空调系统的建筑，应具有保障室内热环境的措施或预留条件。

5.1.7 围护结构热工性能应符合下列规定：

1 在室内设计温度、湿度条件下，建筑非透光围护结构内表面不得结露；

2 供暖建筑的屋面、外墙内部不应产生冷凝；

3 屋顶和外墙隔热性能应满足现行国家标准《民用建筑热工设计规范》GB 50176 的要求。

5.1.8 主要功能房间应具有现场独立控制的热环境调节装置。

5.1.9 地下车库应设置与排风设备联动的一氧化碳浓度监测装置。

5.2 评 分 项

Ⅰ 室内空气品质

5.2.1 控制室内主要空气污染物的浓度，评价总分值为 12 分，并按下列规则分别评分并累计：

1 氨、甲醛、苯、总挥发性有机物、氡等污染物浓度低于现行国家标准《室内空气质量标准》GB/T 18883 规定限值的 10%，得 3 分；低于 20%，得 6 分；

2 室内 $PM_{2.5}$ 年均浓度不高于 $25\mu g/m^3$，且室内 PM_{10} 年均浓度不高于 $50\mu g/m^3$，得 6 分。

5.2.2 选用的装饰装修材料满足国家现行绿色产品评价标准中对有害物质限量的要求，评价总分值为 8 分。选用满足要求的装饰装修材料达到3类及以上,得5分;达到5类及以上,得8分。

Ⅱ 水 质

5.2.3 直饮水、集中生活热水、游泳池水、采暖空调系统用水、景观水体等的水质满足国家现行有关标准的要求,评价分值为8分。

5.2.4 生活饮用水水池、水箱等储水设施采取措施满足卫生要求,评价总分值为9分,并按下列规则分别评分并累计:
    1 使用符合国家现行有关标准要求的成品水箱,得4分;
    2 采取保证储水不变质的措施,得5分。

5.2.5 所有给水排水管道、设备、设施设置明确、清晰的永久性标识,评价分值为8分。

Ⅲ 声环境与光环境

5.2.6 采取措施优化主要功能房间的室内声环境,评价总分值为8分。噪声级达到现行国家标准《民用建筑隔声设计规范》GB 50118中的低限标准限值和高要求标准限值的平均值,得4分;达到高要求标准限值,得8分。

5.2.7 主要功能房间的隔声性能良好,评价总分值为10分,并按下列规则分别评分并累计:
    1 构件及相邻房间之间的空气声隔声性能达到现行国家标准《民用建筑隔声设计规范》GB 50118中的低限标准限值和高要求标准限值的平均值,得3分;达到高要求标准限值,得5分;
    2 楼板的撞击声隔声性能达到现行国家标准《民用建筑隔声设计规范》GB 50118中的低限标准限值和高要求标准限值的平均值,得3分;达到高要求标准限值,得5分。

5.2.8 充分利用天然光,评价总分值为12分,并按下列规则分别评分并累计:

1 住宅建筑室内主要功能空间至少60%面积比例区域，其采光照度值不低于300lx的小时数平均不少于8h/d，得9分。

2 公共建筑按下列规则分别评分并累计：

1）内区采光系数满足采光要求的面积比例达到60%，得3分；

2）地下空间平均采光系数不小于0.5%的面积与地下室首层面积的比例达到10%以上，得3分；

3）室内主要功能空间至少60%面积比例区域的采光照度值不低于采光要求的小时数平均不少于4h/d，得3分。

3 主要功能房间有眩光控制措施，得3分。

Ⅳ 室内热湿环境

5.2.9 具有良好的室内热湿环境，评价总分值为8分，并按下列规则评分：

1 采用自然通风或复合通风的建筑，建筑主要功能房间室内热环境参数在适应性热舒适区域的时间比例，达到30%，得2分；每再增加10%，再得1分，最高得8分。

2 采用人工冷热源的建筑，主要功能房间达到现行国家标准《民用建筑室内热湿环境评价标准》GB/T 50785规定的室内人工冷热源热湿环境整体评价Ⅱ级的面积比例，达到60%，得5分；每再增加10%，再得1分，最高得8分。

5.2.10 优化建筑空间和平面布局，改善自然通风效果，评价总分值为8分，并按下列规则评分：

1 住宅建筑：通风开口面积与房间地板面积的比例在夏热冬暖地区达到12%，在夏热冬冷地区达到8%，在其他地区达到5%，得5分；每再增加2%，再得1分，最高得8分。

2 公共建筑：过渡季典型工况下主要功能房间平均自然通风换气次数不小于2次/h的面积比例达到70%，得5分；每再增加10%，再得1分，最高得8分。

5.2.11 设置可调节遮阳设施，改善室内热舒适，评价总分值为9分，根据可调节遮阳设施的面积占外窗透明部分的比例按表5.2.11的规则评分。

表5.2.11 可调节遮阳设施的面积占外窗透明部分比例评分规则

可调节遮阳设施的面积占外窗透明部分比例 S_z	得分
$25\% \leqslant S_z < 35\%$	3
$35\% \leqslant S_z < 45\%$	5
$45\% \leqslant S_z < 55\%$	7
$S_z \geqslant 55\%$	9

7 资源节约

7.1 控 制 项

7.1.1 应结合场地自然条件和建筑功能需求,对建筑的体形、平面布局、空间尺度、围护结构等进行节能设计,且应符合国家有关节能设计的要求。

7.1.2 应采取措施降低部分负荷、部分空间使用下的供暖、空调系统能耗,并应符合下列规定:

  1 应区分房间的朝向细分供暖、空调区域,并应对系统进行分区控制;

  2 空调冷源的部分负荷性能系数(IPLV)、电冷源综合制冷性能系数(SCOP)应符合现行国家标准《公共建筑节能设计标准》GB 50189 的规定。

7.1.3 应根据建筑空间功能设置分区温度,合理降低室内过渡区空间的温度设定标准。

7.1.4 主要功能房间的照明功率密度值不应高于现行国家标准《建筑照明设计标准》GB 50034 规定的现行值;公共区域的照明系统应采用分区、定时、感应等节能控制;采光区域的照明控制应独立于其他区域的照明控制。

7.1.5 冷热源、输配系统和照明等各部分能耗应进行独立分项计量。

7.1.6 垂直电梯应采取群控、变频调速或能量反馈等节能措施;自动扶梯应采用变频感应启动等节能控制措施。

7.1.7 应制定水资源利用方案,统筹利用各种水资源,并应符合下列规定:

  1 应按使用用途、付费或管理单元,分别设置用水计量装置;

2 用水点处水压大于 0.2MPa 的配水支管应设置减压设施，并应满足给水配件最低工作压力的要求；

3 用水器具和设备应满足节水产品的要求。

7.1.8 不应采用建筑形体和布置严重不规则的建筑结构。

7.1.9 建筑造型要素应简约，应无大量装饰性构件，并应符合下列规定：

1 住宅建筑的装饰性构件造价占建筑总造价的比例不应大于2%；

2 公共建筑的装饰性构件造价占建筑总造价的比例不应大于1%。

7.1.10 选用的建筑材料应符合下列规定：

1 500km 以内生产的建筑材料重量占建筑材料总重量的比例应大于60%；

2 现浇混凝土应采用预拌混凝土，建筑砂浆应采用预拌砂浆。

7.2 评 分 项

Ⅰ 节地与土地利用

7.2.1 节约集约利用土地，评价总分值为 20 分，并按下列规则评分：

1 对于住宅建筑，根据其所在居住街坊人均住宅用地指标按表 7.2.1-1 的规则评分。

表 7.2.1-1 居住街坊人均住宅用地指标评分规则

建筑气候区划	人均住宅用地指标 A（m²）					得分
	平均3层及以下	平均4～6层	平均7～9层	平均10～18层	平均19层及以上	
Ⅰ、Ⅶ	$33<A\leqslant36$	$29<A\leqslant32$	$21<A\leqslant22$	$17<A\leqslant19$	$12<A\leqslant13$	15
	$A\leqslant33$	$A\leqslant29$	$A\leqslant21$	$A\leqslant17$	$A\leqslant12$	20

续表 7.2.1-1

建筑气候区划	人均住宅用地指标 A（m²）					得分
	平均3层及以下	平均4~6层	平均7~9层	平均10~18层	平均19层及以上	
Ⅱ、Ⅵ	33<A≤36	27<A≤30	20<A≤21	16<A≤17	12<A≤13	15
	A≤33	A≤27	A≤20	A≤16	A≤12	20
Ⅲ、Ⅳ、Ⅴ	33<A≤36	24<A≤27	19<A≤20	15<A≤16	11<A≤12	15
	A≤33	A≤24	A≤19	A≤15	A≤11	20

2 对于公共建筑，根据不同功能建筑的容积率（R）按表 7.2.1-2 的规则评分。

表 7.2.1-2 公共建筑容积率（R）评分规则

行政办公、商务办公、商业金融、旅馆饭店、交通枢纽等	教育、文化、体育、医疗卫生、社会福利等	得分
1.0≤R<1.5	0.5≤R<0.8	8
1.5≤R<2.5	R≥2.0	12
2.5≤R<3.5	0.8≤R<1.5	16
R≥3.5	1.5≤R<2.0	20

7.2.2 合理开发利用地下空间，评价总分值为 12 分，根据地下空间开发利用指标，按表 7.2.2 的规则评分。

表 7.2.2 地下空间开发利用指标评分规则

建筑类型	地下空间开发利用指标		得分
住宅建筑	地下建筑面积与地上建筑面积的比率 R_r	5%≤R_r<20%	5
		R_r≥20%	7
	地下一层建筑面积与总用地面积的比率 R_p	R_r≥35% 且 R_p<60%	12
公共建筑	地下建筑面积与总用地面积之比 R_{p1}	R_{p1}≥0.5	5
	地下一层建筑面积与总用地面积的比率 R_p	R_{p1}≥0.7 且 R_p<70%	7
		R_{p1}≥1.0 且 R_p<60%	12

7.2.3 采用机械式停车设施、地下停车库或地面停车楼等方式,评价总分值为8分,并按下列规则评分:

　　1 住宅建筑地面停车位数量与住宅总套数的比率小于10%,得8分。

　　2 公共建筑地面停车占地面积与其总建设用地面积的比率小于8%,得8分。

　　　　　Ⅱ　节能与能源利用

7.2.4 优化建筑围护结构的热工性能,评价总分值为15分,并按下列规则评分:

　　1 围护结构热工性能比国家现行相关建筑节能设计标准规定的提高幅度达到5%,得5分;达到10%,得10分;达到15%,得15分。

　　2 建筑供暖空调负荷降低5%,得5分;降低10%,得10分;降低15%,得15分。

7.2.5 供暖空调系统的冷、热源机组能效均优于现行国家标准《公共建筑节能设计标准》GB 50189的规定以及现行有关国家标准能效限定值的要求,评价总分值为10分,按表7.2.5的规则评分。

表7.2.5　冷、热源机组能效提升幅度评分规则

机组类型	能效指标	参照标准	评分要求	
电机驱动的蒸气压缩循环冷水(热泵)机组	制冷性能系数(COP)	现行国家标准《公共建筑节能设计标准》GB 50189	提高6%	提高12%
直燃型溴化锂吸收式冷(温)水机组	制冷、供热性能系数(COP)		提高6%	提高12%
单元式空气调节机、风管送风式和屋顶式空调机组	能效比(EER)		提高6%	提高12%

续表 7.2.5

机组类型	能效指标	参照标准	评分要求	
多联式空调（热泵）机组	制冷综合性能系数 [IPLV(C)]	现行国家标准《公共建筑节能设计标准》GB 50189	提高 8%	提高 16%
锅炉 燃煤	热效率		提高 3 个百分点	提高 6 个百分点
锅炉 燃油燃气	热效率		提高 2 个百分点	提高 4 个百分点
房间空气调节器	能效比（EER）、能源消耗效率	现行有关国家标准	节能评价值	1 级能效等级限值
家用燃气热水炉	热效率值（η）			
蒸汽型溴化锂吸收式冷水机组	制冷、供热性能系数（COP）			
得分			5 分	10 分

7.2.6 采取有效措施降低供暖空调系统的末端系统及输配系统的能耗，评价总分值为 5 分，并按以下规则分别评分并累计：

1 通风空调系统风机的单位风量耗功率比现行国家标准《公共建筑节能设计标准》GB 50189 的规定低 20%，得 2 分；

2 集中供暖系统热水循环泵的耗电输热比、空调冷热水系统循环水泵的耗电输冷（热）比比现行国家标准《民用建筑供暖通风与空气调节设计规范》GB 50736 规定值低 20%，得 3 分。

7.2.7 采用节能型电气设备及节能控制措施，评价总分值为 10 分，并按下列规则分别评分并累计：

1 主要功能房间的照明功率密度值达到现行国家标准《建筑照明设计标准》GB 50034 规定的目标值，得 5 分；

2 采光区域的人工照明随天然光照度变化自动调节，得 2 分；

3 照明产品、三相配电变压器、水泵、风机等设备满足国家现行有关标准的节能评价值的要求，得 3 分。

7.2.8 采取措施降低建筑能耗,评价总分值为10分。建筑能耗相比国家现行有关建筑节能标准降低10%,得5分;降低20%,得10分。

7.2.9 结合当地气候和自然资源条件合理利用可再生能源,评价总分值为10分,按表7.2.9的规则评分。

表7.2.9 可再生能源利用评分规则

可再生能源利用类型和指标		得分
由可再生能源提供的生活用热水比例 R_{hw}	$20\% \leqslant R_{hw} < 35\%$	2
	$35\% \leqslant R_{hw} < 50\%$	4
	$50\% \leqslant R_{hw} < 65\%$	6
	$65\% \leqslant R_{hw} < 80\%$	8
	$R_{hw} \geqslant 80\%$	10
由可再生能源提供的空调用冷量和热量比例 R_{ch}	$20\% \leqslant R_{ch} < 35\%$	2
	$35\% \leqslant R_{ch} < 50\%$	4
	$50\% \leqslant R_{ch} < 65\%$	6
	$65\% \leqslant R_{ch} < 80\%$	8
	$R_{ch} \geqslant 80\%$	10
由可再生能源提供电量比例 R_e	$0.5\% \leqslant R_e < 1.0\%$	2
	$1.0\% \leqslant R_e < 2.0\%$	4
	$2.0\% \leqslant R_e < 3.0\%$	6
	$3.0\% \leqslant R_e < 4.0\%$	8
	$R_e \geqslant 4.0\%$	10

Ⅲ 节水与水资源利用

7.2.10 使用较高用水效率等级的卫生器具,评价总分值为15分,并按下列规则评分:

1 全部卫生器具的用水效率等级达到2级,得8分。
2 50%以上卫生器具的用水效率等级达到1级且其他达到2级,得12分。

3 全部卫生器具的用水效率等级达到1级，得15分。
7.2.11 绿化灌溉及空调冷却水系统采用节水设备或技术，评价总分值为12分，并按下列规则分别评分并累计：
　　1 绿化灌溉采用节水设备或技术，并按下列规则评分：
　　　　1）采用节水灌溉系统，得4分。
　　　　2）在采用节水灌溉系统的基础上，设置土壤湿度感应器、雨天自动关闭装置等节水控制措施，或种植无须永久灌溉植物，得6分。
　　2 空调冷却水系统采用节水设备或技术，并按下列规则评分：
　　　　1）循环冷却水系统采取设置水处理措施、加大集水盘、设置平衡管或平衡水箱等方式，避免冷却水泵停泵时冷却水溢出，得3分。
　　　　2）采用无蒸发耗水量的冷却技术，得6分。
7.2.12 结合雨水综合利用设施营造室外景观水体，室外景观水体利用雨水的补水量大于水体蒸发量的60%，且采用保障水体水质的生态水处理技术，评价总分值为8分，并按下列规则分别评分并累计：
　　1 对进入室外景观水体的雨水，利用生态设施削减径流污染，得4分；
　　2 利用水生动、植物保障室外景观水体水质，得4分。
7.2.13 使用非传统水源，评价总分值为15分，并按下列规则分别评分并累计：
　　1 绿化灌溉、车库及道路冲洗、洗车用水采用非传统水源的用水量占其总用水量的比例不低于40%，得3分；不低于60%，得5分；
　　2 冲厕采用非传统水源的用水量占其总用水量的比例不低于30%，得3分；不低于50%，得5分；
　　3 冷却水补水采用非传统水源的用水量占其总用水量的比例不低于20%，得3分；不低于40%，得5分。

Ⅳ 节材与绿色建材

7.2.14 建筑所有区域实施土建工程与装修工程一体化设计及施工，评价分值为8分。

7.2.15 合理选用建筑结构材料与构件，评价总分值为10分，并按下列规则评分：

 1 混凝土结构，按下列规则分别评分并累计：
  1）400MPa级及以上强度等级钢筋应用比例达到85%，得5分；
  2）混凝土竖向承重结构采用强度等级不小于C50混凝土用量占竖向承重结构中混凝土总量的比例达到50%，得5分。

 2 钢结构，按下列规则分别评分并累计：
  1）Q345及以上高强钢材用量占钢材总量的比例达到50%，得3分；达到70%，得4分；
  2）螺栓连接等非现场焊接节点占现场全部连接、拼接节点的数量比例达到50%，得4分；
  3）采用施工时免支撑的楼屋面板，得2分。

 3 混合结构：对其混凝土结构部分、钢结构部分，分别按本条第1款、第2款进行评价，得分取各项得分的平均值。

7.2.16 建筑装修选用工业化内装部品，评价总分值为8分。建筑装修选用工业化内装部品占同类部品用量比例达到50%以上的部品种类，达到1种，得3分；达到3种，得5分；达到3种以上，得8分。

7.2.17 选用可再循环材料、可再利用材料及利废建材，评价总分值为12分，并按下列规则分别评分并累计：

 1 可再循环材料和可再利用材料用量比例，按下列规则评分：
  1）住宅建筑达到6%或公共建筑达到10%，得3分。
  2）住宅建筑达到10%或公共建筑达到15%，得6分。

  2 利废建材选用及其用量比例，按下列规则评分：
    1）采用一种利废建材，其占同类建材的用量比例不低于50%，得3分。
    2）选用两种及以上的利废建材，每一种占同类建材的用量比例均不低于30%，得6分。

7.2.18 选用绿色建材，评价总分值为12分。绿色建材应用比例不低于30%，得4分；不低于50%，得8分；不低于70%，得12分。

8 环境宜居

8.1 控 制 项

8.1.1 建筑规划布局应满足日照标准，且不得降低周边建筑的日照标准。

8.1.2 室外热环境应满足国家现行有关标准的要求。

8.1.3 配建的绿地应符合所在地城乡规划的要求，应合理选择绿化方式，植物种植应适应当地气候和土壤，且应无毒害、易维护，种植区域覆土深度和排水能力应满足植物生长需求，并应采用复层绿化方式。

8.1.4 场地的竖向设计应有利于雨水的收集或排放，应有效组织雨水的下渗、滞蓄或再利用；对大于 10hm² 的场地应进行雨水控制利用专项设计。

8.1.5 建筑内外均应设置便于识别和使用的标识系统。

8.1.6 场地内不应有排放超标的污染源。

8.1.7 生活垃圾应分类收集，垃圾容器和收集点的设置应合理并应与周围景观协调。

8.2 评 分 项

Ⅰ 场地生态与景观

8.2.1 充分保护或修复场地生态环境，合理布局建筑及景观，评价总分值为 10 分，并按下列规则评分：

1 保护场地内原有的自然水域、湿地、植被等，保持场地内的生态系统与场地外生态系统的连贯性，得 10 分。

2 采取净地表层土回收利用等生态补偿措施，得 10 分。

3 根据场地实际状况，采取其他生态恢复或补偿措施，得

10分。

8.2.2 规划场地地表和屋面雨水径流,对场地雨水实施外排总量控制,评价总分值为10分。场地年径流总量控制率达到55%,得5分;达到70%,得10分。

8.2.3 充分利用场地空间设置绿化用地,评价总分值为16分,并按下列规则评分:

1 住宅建筑按下列规则分别评分并累计:
 1) 绿地率达到规划指标105%及以上,得10分;
 2) 住宅建筑所在居住街坊内人均集中绿地面积,按表8.2.3的规则评分,最高得6分。

表8.2.3 住宅建筑人均集中绿地面积评分规则

人均集中绿地面积 A_g（m²/人）		得分
新区建设	旧区改建	
0.50	0.35	2
$0.50<A_g<0.60$	$0.35<A_g<0.45$	4
$A_g \geqslant 0.60$	$A_g \geqslant 0.45$	6

2 公共建筑按下列规则分别评分并累计:
 1) 公共建筑绿地率达到规划指标105%及以上,得10分;
 2) 绿地向公众开放,得6分。

8.2.4 室外吸烟区位置布局合理,评价总分值为9分,并按下列规则分别评分并累计:

1 室外吸烟区布置在建筑主出入口的主导风的下风向,与所有建筑出入口、新风进气口和可开启窗扇的距离不少于8m,且距离儿童和老人活动场地不少于8m,得5分;

2 室外吸烟区与绿植结合布置,并合理配置座椅和带烟头收集的垃圾筒,从建筑主出入口至室外吸烟区的导向标识完整、定位标识醒目,吸烟区设置吸烟有害健康的警示标识,得4分。

8.2.5 利用场地空间设置绿色雨水基础设施,评价总分值为15

分，并按下列规则分别评分并累计：

1 下凹式绿地、雨水花园等有调蓄雨水功能的绿地和水体的面积之和占绿地面积的比例达到40%，得3分；达到60%，得5分；

2 衔接和引导不少于80%的屋面雨水进入地面生态设施，得3分；

3 衔接和引导不少于80%的道路雨水进入地面生态设施，得4分；

4 硬质铺装地面中透水铺装面积的比例达到50%，得3分。

Ⅱ 室外物理环境

8.2.6 场地内的环境噪声优于现行国家标准《声环境质量标准》GB 3096的要求，评价总分值为10分，并按下列规则评分：

1 环境噪声值大于2类声环境功能区标准限值，且小于或等于3类声环境功能区标准限值，得5分。

2 环境噪声值小于或等于2类声环境功能区标准限值，得10分。

8.2.7 建筑及照明设计避免产生光污染，评价总分值为10分，并按下列规则分别评分并累计：

1 玻璃幕墙的可见光反射比及反射光对周边环境的影响符合《玻璃幕墙光热性能》GB/T 18091的规定，得5分；

2 室外夜景照明光污染的限制符合现行国家标准《室外照明干扰光限制规范》GB/T 35626和现行行业标准《城市夜景照明设计规范》JGJ/T 163的规定，得5分。

8.2.8 场地内风环境有利于室外行走、活动舒适和建筑的自然通风，评价总分值为10分，并按下列规则分别评分并累计：

1 在冬季典型风速和风向条件下，按下列规则分别评分并累计：

1）建筑物周围人行区距地高1.5m处风速小于5m/s，户外休息区、儿童娱乐区风速小于 2m/s，且室外风速放大系数小于 2，得 3 分；

2）除迎风第一排建筑外，建筑迎风面与背风面表面风压差不大于 5Pa，得 2 分。

2 过渡季、夏季典型风速和风向条件下，按下列规则分别评分并累计：

1）场地内人活动区不出现涡旋或无风区，得 3 分；

2）50% 以上可开启外窗室内外表面的风压差大于 0.5Pa，得 2 分。

8.2.9 采取措施降低热岛强度，评价总分值为 10 分，按下列规则分别评分并累计：

1 场地中处于建筑阴影区外的步道、游憩场、庭院、广场等室外活动场地设有乔木、花架等遮阴措施的面积比例，住宅建筑达到 30%，公共建筑达到 10%，得 2 分；住宅建筑达到 50%，公共建筑达到 20%，得 3 分；

2 场地中处于建筑阴影区外的机动车道，路面太阳辐射反射系数不小于 0.4 或设有遮阴面积较大的行道树的路段长度超过 70%，得 3 分；

3 屋顶的绿化面积、太阳能板水平投影面积以及太阳辐射反射系数不小于 0.4 的屋面面积合计达到 75%，得 4 分。

9 提高与创新

9.1 一般规定

9.1.1 绿色建筑评价时，应按本章规定对提高与创新项进行评价。

9.1.2 提高与创新项得分为加分项得分之和，当得分大于100分时，应取为100分。

9.2 加分项

9.2.1 采取措施进一步降低建筑供暖空调系统的能耗，评价总分值为30分。建筑供暖空调系统能耗相比国家现行有关建筑节能标准降低40%，得10分；每再降低10%，再得5分，最高得30分。

9.2.2 采用适宜地区特色的建筑风貌设计，因地制宜传承地域建筑文化，评价分值为20分。

9.2.3 合理选用废弃场地进行建设，或充分利用尚可使用的旧建筑，评价分值为8分。

9.2.4 场地绿容率不低于3.0，评价总分值为5分，并按下列规则评分：

  1 场地绿容率计算值不低于3.0，得3分。
  2 场地绿容率实测值不低于3.0，得5分。

9.2.5 采用符合工业化建造要求的结构体系与建筑构件，评价分值为10分，并按下列规则评分：

  1 主体结构采用钢结构、木结构，得10分。
  2 主体结构采用装配式混凝土结构，地上部分预制构件应用混凝土体积占混凝土总体积的比例达到35%，得5分；达到50%，得10分。

9.2.6 应用建筑信息模型（BIM）技术，评价总分值为15分。在建筑的规划设计、施工建造和运行维护阶段中的一个阶段应用，得5分；两个阶段应用，得10分；三个阶段应用，得15分。

9.2.7 进行建筑碳排放计算分析，采取措施降低单位建筑面积碳排放强度，评价分值为12分。

9.2.8 按照绿色施工的要求进行施工和管理，评价总分值为20分，并按下列规则分别评分并累计：

  1 获得绿色施工优良等级或绿色施工示范工程认定，得8分；

  2 采取措施减少预拌混凝土损耗，损耗率降低至1.0%，得4分；

  3 采取措施减少现场加工钢筋损耗，损耗率降低至1.5%，得4分；

  4 现浇混凝土构件采用铝模等免墙面粉刷的模板体系，得4分。

9.2.9 采用建设工程质量潜在缺陷保险产品，评价总分值为20分，并按下列规则分别评分并累计：

  1 保险承保范围包括地基基础工程、主体结构工程、屋面防水工程和其他土建工程的质量问题，得10分；

  2 保险承保范围包括装修工程、电气管线、上下水管线的安装工程，供热、供冷系统工程的质量问题，得10分。

9.2.10 采取节约资源、保护生态环境、保障安全健康、智慧友好运行、传承历史文化等其他创新，并有明显效益，评价总分值为40分。每采取一项，得10分，最高得40分。

附 录

本标准用词说明

1 为便于在执行本标准条文时区别对待，对要求严格程度不同的用词说明如下：
   1）表示很严格，非这样做不可的：
      正面词采用"必须"，反面词采用"严禁"；
   2）表示严格，在正常情况下均应这样做的：
      正面词采用"应"，反面词采用"不应"或"不得"；
   3）表示允许稍有选择，在条件许可时首先应这样做的：
      正面词采用"宜"，反面词采用"不宜"；
   4）表示有选择，在一定条件下可以这样做的，采用"可"。

2 条文中指明应按其他有关标准执行的写法为："应符合……的规定"或"应按……执行"。

引用标准名录

1 《建筑照明设计标准》GB 50034
2 《民用建筑隔声设计规范》GB 50118
3 《民用建筑热工设计规范》GB 50176
4 《公共建筑节能设计标准》GB 50189
5 《民用建筑节水设计标准》GB 50555
6 《民用建筑供暖通风与空气调节设计规范》GB 50736
7 《民用建筑室内热湿环境评价标准》GB/T 50785
8 《声环境质量标准》GB 3096
9 《生活饮用水卫生标准》GB 5749
10 《玻璃幕墙光热性能》GB/T 18091
11 《室内空气质量标准》GB/T 18883
12 《灯和灯系统的光生物安全性》GB/T 20145
13 《LED室内照明应用技术要求》GB/T 31831
14 《室外照明干扰光限制规范》GB/T 35626
15 《城市夜景照明设计规范》JGJ/T 163
16 《建筑地面工程防滑技术规程》JGJ/T 331

致　谢

非常感谢四川农业大学建筑与城乡规划学院田丛珊老师对专著中关于地震灾区、川西北藏区案例研究的安全和社区人居环境等相关领域的指导和帮助！再次感谢田丛珊老师的国家自然科学基金项目《地震灾区次生灾害胁迫下的社区恢复力特征及其驱动机制研究》（No.42001244）对本专著的资助。

本专著还要感谢李浩林、刘浩如、侯羽遥、田蕾、程静月、张雪梅、王恺、王红、陈建行等同学在数据收集、现场测试、文字校对和绘图等工作上的大力支持！